全教科書対応

文章題・図形2年

	きほんのワーク	まとめのテスト
1 ひょうと　グラフ	2	3
① ひょうと　グラフ		
2 時こくと　時間	4〜6	7
① 時こくと　時間 ② 午前と　午後(1) ③ 午前と　午後(2)		
3 2けたの たし算と ひき算	8〜15	16〜17
① くり上がりの ない たし算の ひっ算 ② くり上がりの ある たし算の ひっ算 ③ くり下がりの ない ひき算の ひっ算 ④ くり下がりの ある ひき算の ひっ算		
4 長さ	18〜19	20〜21
① センチメートルと ミリメートル ② 長さの　計算		
5 1000までの　数	22〜27	28〜29
① 数の　あらわし方 ② 10を　あつめた　数 ③ 千と　数の線 ④ 数の　大小 ⑤ 何十の　たし算と　ひき算 ⑥ 何百の　たし算と　ひき算		
6 かさ	30〜33	34〜35
① デシリットル ② リットル ③ ミリリットル ④ かさの　計算		
7 3つの　数の　計算	36〜39	40〜41
① 計算の　くふう ② 3つの　数の　たし算 ③ 3つの　数の　計算(1) ④ 3つの　数の　計算(2)		
8 たし算と ひき算の ひっ算	42〜45	46〜47
① 百のくらいに くり上がる たし算 ② 百のくらいから くり下がる ひき算 ③ 3けたの　たし算 ④ 3けたの　ひき算		
9 三角形と　四角形	48〜51	52〜53
① 三角形 ② 四角形 ③ 長方形と　正方形 ④ 直角三角形		
10 かけ算(1)	54〜59	60〜61
① かけ算の　しき ② 何ばい ③ 5のだんの　九九 ④ 2のだんの　九九 ⑤ 3のだんの　九九 ⑥ 4のだんの　九九		
11 かけ算(2)	62〜69	70〜71
① 6のだんの　九九 ② 7のだんの　九九 ③ 8のだんの　九九 ④ 9のだんの　九九 ⑤ 1のだんの　九九 ⑥ 九九の きまりと もんだい(1) ⑦ 九九の きまりと もんだい(2) ⑧ 九九の きまりと もんだい(3)		
12 長い　ものの　長さ	72〜73	74〜75
① メートル		
13 10000までの　数	76〜81	82〜83
① 数の　あらわし方(1) ② 数の　あらわし方(2) ③ 100を　あつめた　数 ④ 一万と　数の線 ⑤ 数の　大小 ⑥ 何百の　計算		
14 はこの　形	84	85
① はこの　形		
15 分数	86〜87	88〜89
① 分数の　あらわし方 ② 同じ　数ずつ		
16 図を つかって 考えよう	90〜91	92〜93
① たすのかな　ひくのかな(1) ② たすのかな　ひくのかな(2)		

2年の　まとめ ･･･ 94〜96

答えとてびき（とりはずすことができます）････････････････････････････ 別冊（べっさつ）

① ひょうと グラフ
きほんのワーク

答え 1ページ

やってみよう

☆ おかしの 数(かず)を しらべて，ひょうや グラフに あらわしましょう。

ひょうと いうよ。

おかしの 数

名前(なまえ)	チョコ	せんべい	あめ	ガム
数	2			

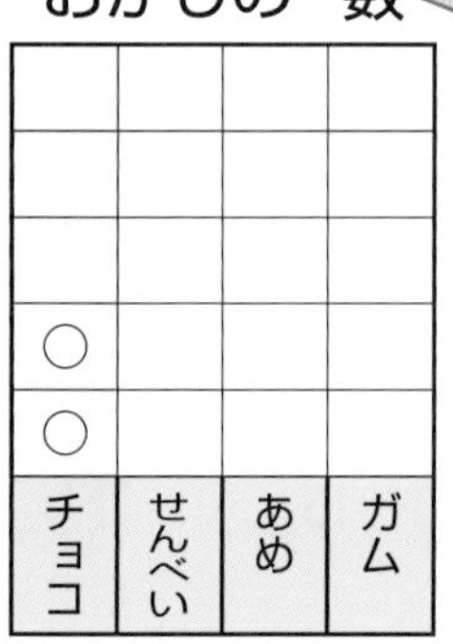

たいせつ
ひょうに あらわすと，何(なに)が いくつ あるかが よく わかります。
グラフは 多(おお)い 少(すく)ないが すぐに わかります。

1 のりものの 数を しらべて，ひょうや グラフに あらわしましょう。

のりものの 数

名前	ふね	自(じ)どう車	ひこうき	オートバイ	でん車
数					

のりものの 数

○				
○				
○				
○				
○				
ふね	自どう車	ひこうき	オートバイ	でん車

2 右の グラフを 見て 答(こた)えましょう。

❶ いちばん 多い くだものは 何(なん)ですか。

(　　　　)

❷ いちばん 少ない くだものは 何ですか。

(　　　　)

❸ バナナは いちごより いくつ 少ないですか。

(　　　　)

くだものの 数

	○			
	○			○
	○			○
	○		○	○
	○		○	○
○	○		○	○
○	○	○	○	○
○	○	○	○	○
メロン	いちご	すいか	バナナ	みかん

おうちのかたへ 表とグラフについて学習します。表は数量が見やすい，グラフは一目見て大小関係がわかりやすい，という利点があります。

まとめのテスト

答え 1ページ

時間 20分

とく点　　/100点

1 よく出る どうぶつの 数を しらべて，ひょうに あらわしました。 1つ15〔45点〕

どうぶつの 数

名前	りす	ぞう	さる	うさぎ	ライオン
数	3	1	5	7	2

どうぶつの 数

りす	ぞう	さる	うさぎ	ライオン

❶ ひょうを 見て，グラフに あらわしましょう。

❷ うさぎは さるより 何びき 多いですか。

（　　　　）

❸ りすと うさぎの 数の ちがいは 何びきですか。

（　　　　）

2 おかしの 数を しらべます。 1つ11〔55点〕

おかしの 数

名前	あめ	グミ	ケーキ	ガム	チョコ
数					

❶ おかしの 数を ひょうに 書(か)きましょう。

❷ ひょうを 見て，グラフに あらわしましょう。

❸ いちばん 多い おかしは 何ですか。

（　　　　）

❹ いちばん 少ない おかしは 何ですか。

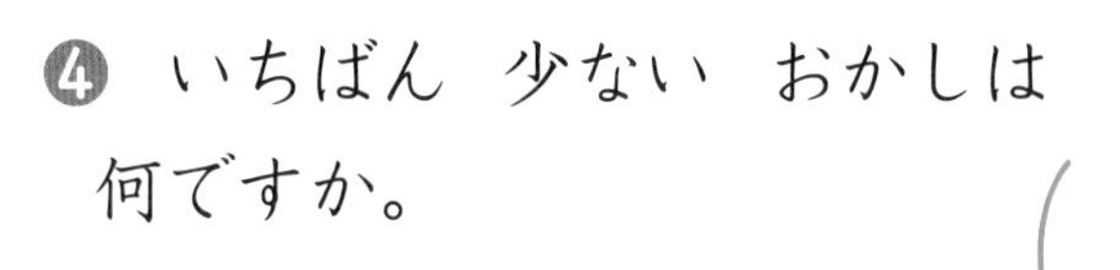

（　　　　）

❺ グミは あめより 何こ 多いですか。

（　　　　）

おかしの 数

あめ	グミ	ケーキ	ガム	チョコ

チェック
□グラフや ひょうに あらわす ことが できるかな。
□グラフや ひょうから わかった ことを いえるかな。

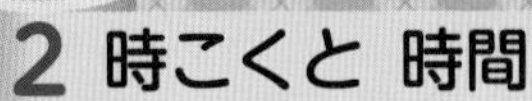

① 時こくと 時間
きほんのワーク

答え 1ページ

やってみよう

☆ ゆうとさんは おじいさんの 家(いえ)へ あそびに 行(い)きました。時計(とけい)を 見て □に あてはまる 数(かず)を 書(か)きましょう。

家を 出た　　おじいさんの 家に ついた

たいせつ
時(じ)こくと 時こくの 間(あいだ)を 時間(じかん)と いいます。
時計の 長(なが)い はりは 1時間で ひとまわりします。
1時間＝60分(ぷん)です。

❶ 家を 出た 時こくは，□時□分です。

❷ 家を 出てから おじいさんの 家に つくまでに かかった 時間は，□時間で，□分です。

1 つぎの 時間を もとめましょう。

❶ 3時40分から 4時まで

（　　　　）

❷ 6時から 7時まで

（　　　　）

2 右の 時計を 見て 答(こた)えましょう。

❶ 30分前(まえ)の 時こく　（　　　　）

❷ 20分後(あと)の 時こく　（　　　　）

❸ 1時間後の 時こく　（　　　　）

おうちのかたへ
子どもにとって，時刻と時間の意味の違いを理解するのは意外と難しいものです。
1年生で学習した何時何分は，すべて時刻にあたります。

② 午前と 午後(1)
きほんのワーク

答え 2ページ

やってみよう

☆ 下の 絵を 見て 答えましょう。

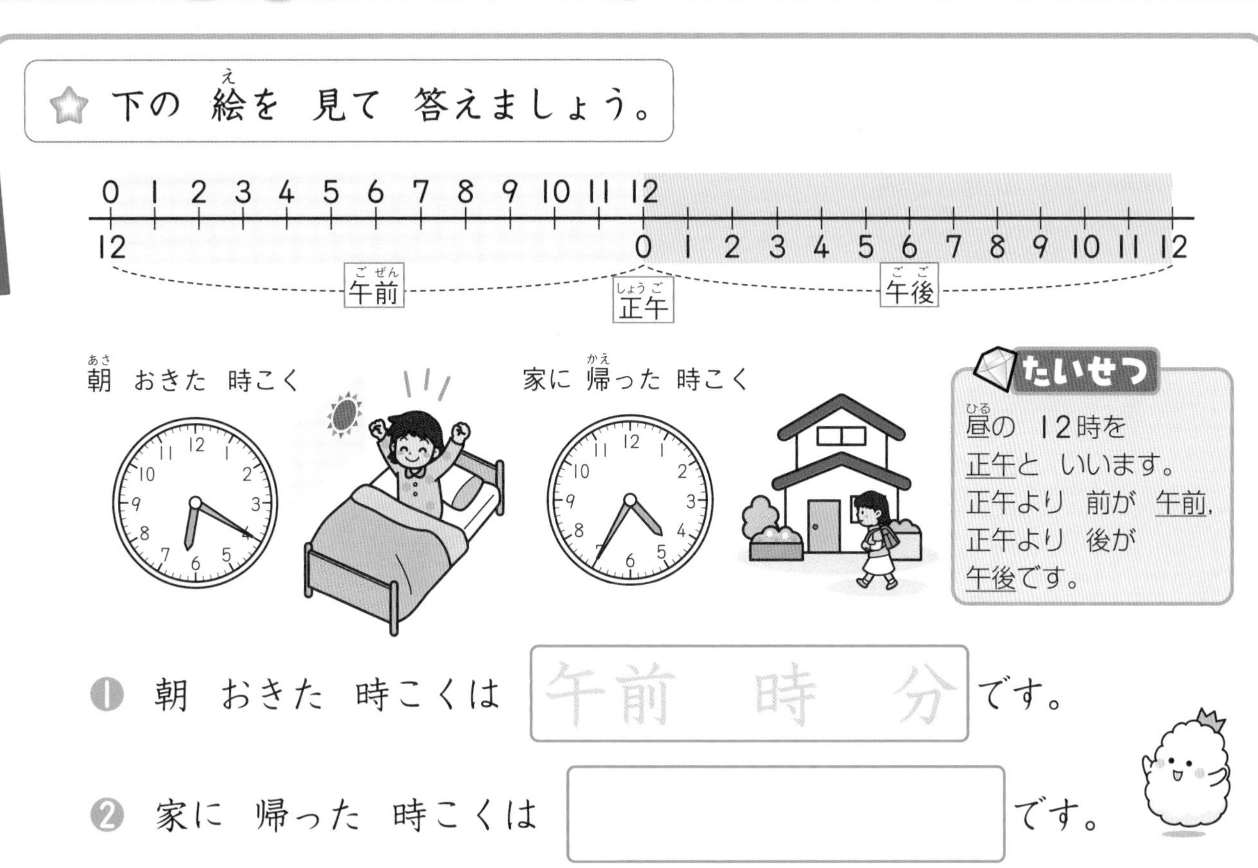

❶ 朝 おきた 時こくは 午前 時 分 です。

❷ 家に 帰った 時こくは □ です。

1 □に あてはまる 数を 書きましょう。

❶ 午前は □ 時間, 午後は □ 時間, 1日は □ 時間です。

❷ 時計の みじかい はりは 1日に □ 回 まわります。

2 つぎの 時こくを, 午前, 午後を つけて 答えましょう。

❶ 朝 おきた 時こく

(　　　　　)

❷ 夕ごはんを 食べおわった 時こく

(　　　　　)

おうちのかたへ　午前，午後，正午の用語を押さえます。1日が24時間であることを理解し，時間を流れとしてとらえることができるようにしましょう。

③ 午前と 午後(2)
きほんのワーク

答え 2ページ

やってみよう

☆ あおいさんは どうぶつ園へ 行きました。午前9時に 出かけて 午後5時に 帰って きました。出かけて いた 時間は 何時間ですか。

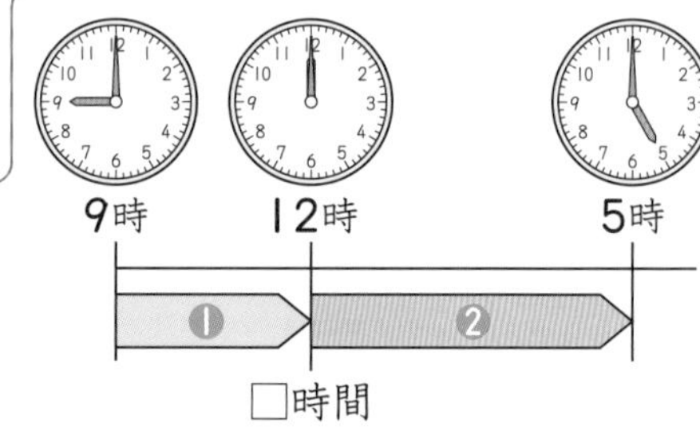

❶ 9時から □ 時間後に ちょうど 12時に なります。

❷ 12時から 5時までの 時間は □ 時間です。

❸ 出かけて いた 時間は □ 時間です。

1 午前11時から 午後2時までの 時間を もとめましょう。

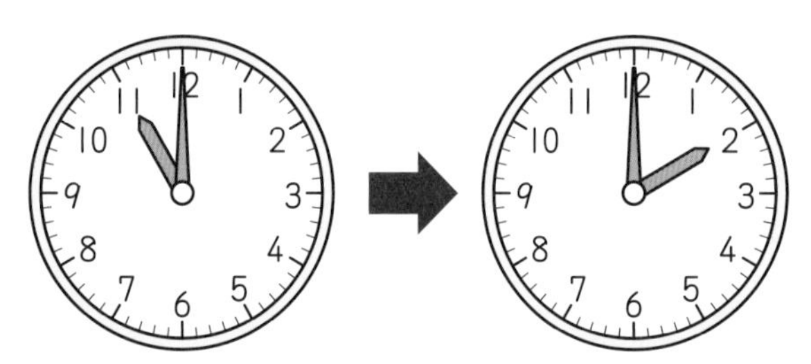

(　　　　　)

2 みさとさんは 午後 ピアノの れんしゅうを 40分 しました。れんしゅうを はじめたのは 右の 時計の 時こくでした。れんしゅうが おわったのは 何時何分ですか。
午前，午後を つけて 答えましょう。

(　　　　　)

3 家から 花やまで 20分 かかります。花やに 午後4時までに つくには，家を 何時何分までに 出れば よいですか。午前，午後を つけて 答えましょう。

(　　　　　)

おうちのかたへ　午前●時から午後▲時までの時間を求めるときは，午前●時から正午までの時間と正午から午後▲時までの時間をたし合わせます。

まとめのテスト

答え 2ページ

1 よく出る 右の 時計を 見て 答えましょう。 1つ12〔36点〕

❶ 9時15分（ふん）から 30分後の 時こく （　　　　）

❷ 9時15分から 1時間後の 時こく （　　　　）

❸ 9時15分から 9時30分 までの 時間 （　　　　）

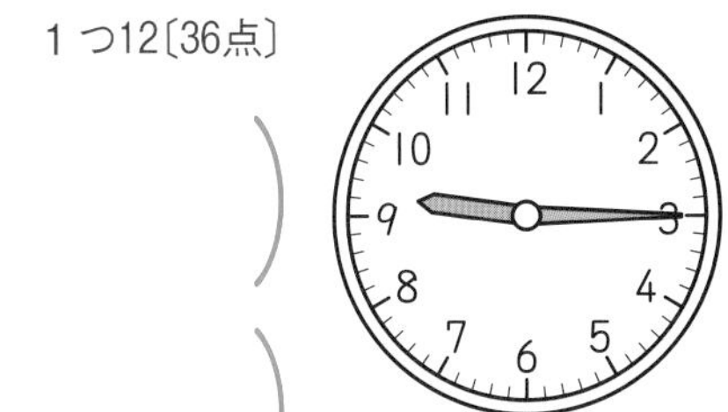

2 はるとさんは 午前8時から 2時間 サッカーの れんしゅうを しました。れんしゅうが おわった 時こくを，午前，午後を つけて 答えましょう。 〔16点〕

（　　　　）

3 こはるさんは 午後3時30分から 20分 友（とも）だちと あそびました。あそびおわった 時こくを 午前，午後を つけて 答えましょう。 〔16点〕

（　　　　）

4 けんとさんは 午後7時40分から 午後8時まで おふろに 入りました。おふろに 入って いた 時間は 何分ですか。 〔16点〕

（　　　　）

5 あかりさんは 午前10時から 午後2時まで 買（か）いものを しました。何時間 買いものを しましたか。 〔16点〕

（　　　　）

□時こくを，午前と 午後を つかって いえるかな。
□いろいろな 時間を もとめる ことが できるかな。

① くり上がりの ない たし算の ひっ算

きほんのワーク

答え 2ページ

やってみよう

☆ ゆいとさんは 35円の あられと 24円の ガムを 買(か)います。あわせて いくらですか。

あられの □円と ガムの □円を たして 考(かんが)えます。

しき □＋□＝□

答(こた)え □円

ひっ算(さん)

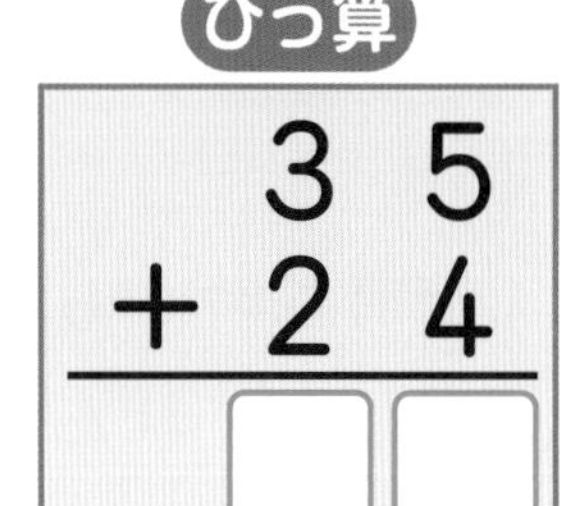

$$\begin{array}{r} 3\ 5 \\ +\ 2\ 4 \\ \hline \square\ \square \end{array}$$

たいせつ
くらいを そろえて 書(か)き，ひっ算(さん)で 計算(けいさん)します。

1 おはじきを，こはるさんは 24こ，ゆなさんは 23こ もって います。おはじきは あわせて 何(なん)こ ありますか。

こはる 24こ　ゆな 23こ

あわせて □こ

しき

答え（　　　）

ひっ算

はじめに 一のくらいを 計算しよう。

2 2年1組(くみ)は 32人，2年2組は 30人 います。1組と 2組を あわせると，何人に なりますか。

しき

ひっ算

答え（　　　）

おうちのかたへ　2けたどうしのたし算や，2けたと1けたのたし算で，くり上がりのない計算を扱っています。文章題では，文章を読んで式に表すことがとても重要で，難しいところです。

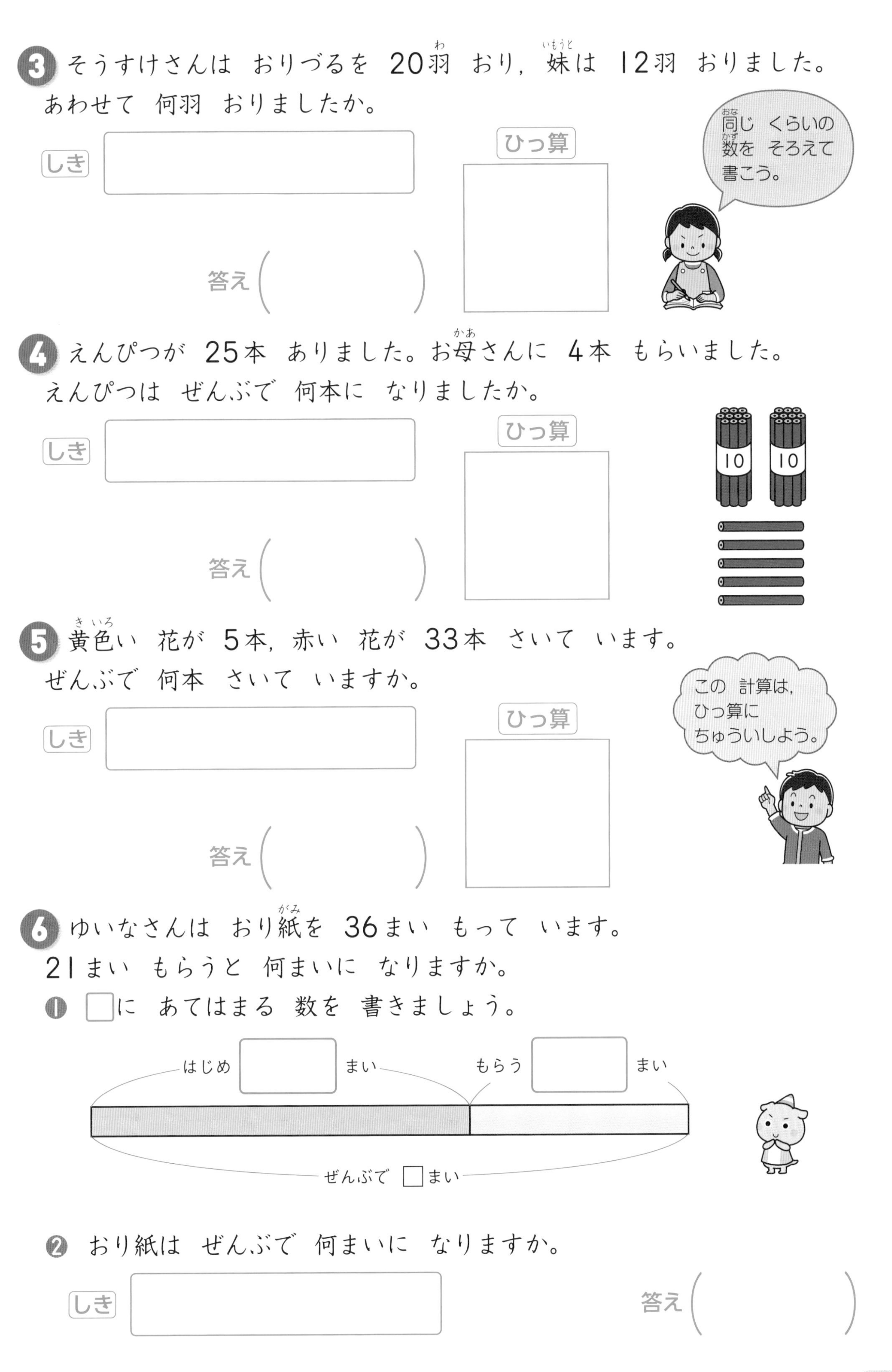

3 そうすけさんは　おりづるを　20羽　おり，妹は　12羽　おりました。
あわせて　何羽　おりましたか。

しき

ひっ算

答え（　　　）

4 えんぴつが　25本　ありました。お母さんに　4本　もらいました。
えんぴつは　ぜんぶで　何本に　なりましたか。

しき

ひっ算

答え（　　　）

5 黄色い　花が　5本，赤い　花が　33本　さいて　います。
ぜんぶで　何本　さいて　いますか。

しき

ひっ算

答え（　　　）

6 ゆいなさんは　おり紙を　36まい　もって　います。
21まい　もらうと　何まいに　なりますか。

❶ □に　あてはまる　数を　書きましょう。

❷ おり紙は　ぜんぶで　何まいに　なりますか。

しき

答え（　　　）

② くり上がりの ある たし算の ひっ算

きほんのワーク

答え 2ページ

☆ 赤い 花が 18本，白い 花が 25本 さきました。花は ぜんぶで 何本(なんぼん) さきましたか。

赤い 花の □本と 白い 花の □本を たして 考え(かんが)ます。

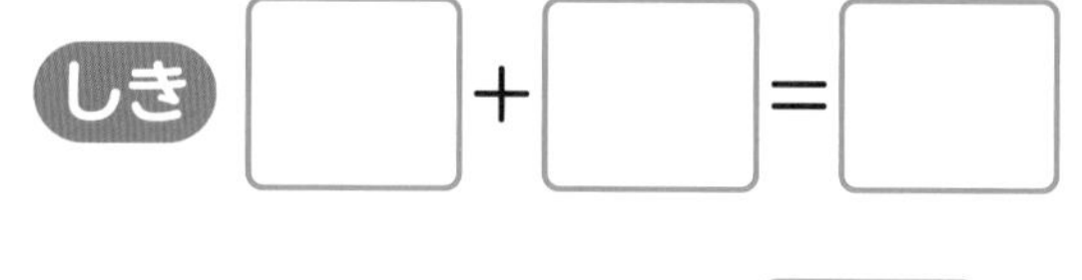

しき □＋□＝□

答え(こた) □本

ひっ算(さん)

$$\begin{array}{r} 1\,8 \\ +\,2\,5 \\ \hline \square\,\square \end{array}$$

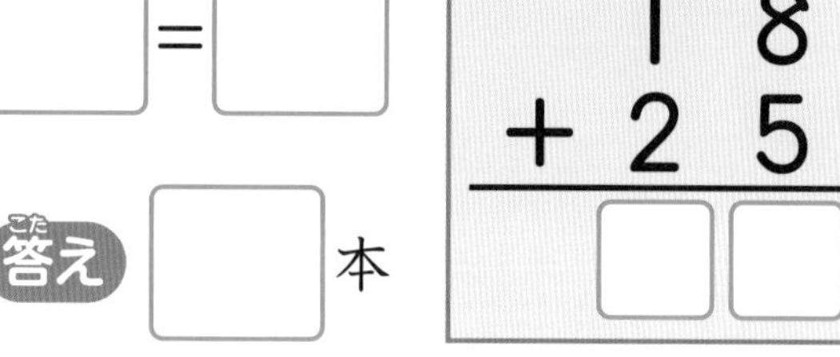

ちゅうい
十のくらいに くり上がりが あります。くり上げた 1を わすれないように しましょう。

1 そうたさんは，シールを 25まい，ゆうせいさんは 19まい もって います。シールは あわせて 何まい ありますか。

そうた 25まい　ゆうせい 19まい

あわせて □まい

しき

答え（　　　）

ひっ算

$$\begin{array}{r} ^{1}\;\; \\ 2\,5 \\ +\,1\,9 \\ \hline \square\,4 \end{array}$$

十のくらいに 1 くり上げるよ！

2 色紙(いろがみ)が 26まい ありました。今日(きょう) 7まい 買(か)って きました。色紙は ぜんぶで 何まいに なりましたか。

しき

答え（　　　）

ひっ算

おうちのかたへ　2けたどうしのたし算や，2けたと1けたのたし算で，くり上がりのある計算を扱っています。考え方はこれまでと同じです。文章をよく読んで答えましょう。

3 やねに 鳥(とり)が 17羽(わ) とまって いました。そこへ 5羽 とんで きました。やねの 鳥は ぜんぶで 何羽に なりましたか。

しき

ひっ算

答え（　　　　）

4 みかんが かごに 4こ，はこに 38こ あります。みかんは ぜんぶで 何こ ありますか。

みかん

しき

ひっ算

答え（　　　　）

5 みなとさんは カードを 63まい もって いました。友(とも)だちが 17まい くれました。カードは ぜんぶで 何まいに なりましたか。

しき

ひっ算

答え（　　　　）

6 バスに おとなが 37人と 子どもが 18人 のって います。ぜんぶで 何人 のって いますか。

図(ず)の □には 何(なに)が 入るかな。

おとな □人　子ども □人

ぜんぶで □人

しき

ひっ算

答え（　　　　）

べんきょうした 日　月　日

③ くり下がりの ない ひき算の ひっ算

きほんのワーク

答え 2ページ

やってみよう

☆ かいとさんは シールを 38まい もって います。
弟(おとうと)に 14まい あげると，のこりは 何(なん)まいに なりますか。

はじめに もって いる □まいから，あげる □まいを ひきます。

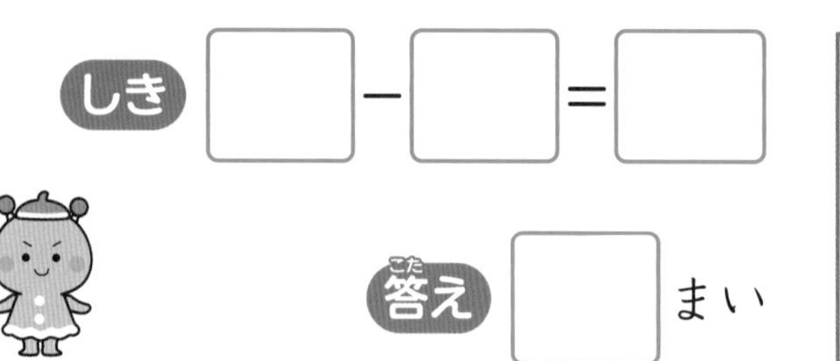

しき □－□＝□

答(こた)え □まい

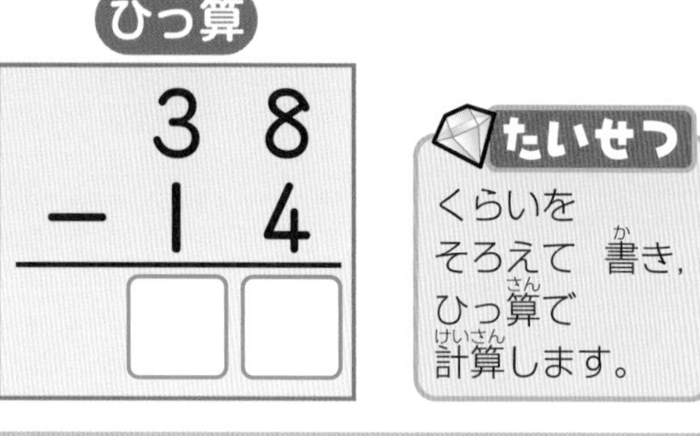

1 画用紙(がようし)が 24まい ありました。今日(きょう) 13まい つかいました。
画用紙は 何まい のこって いますか。

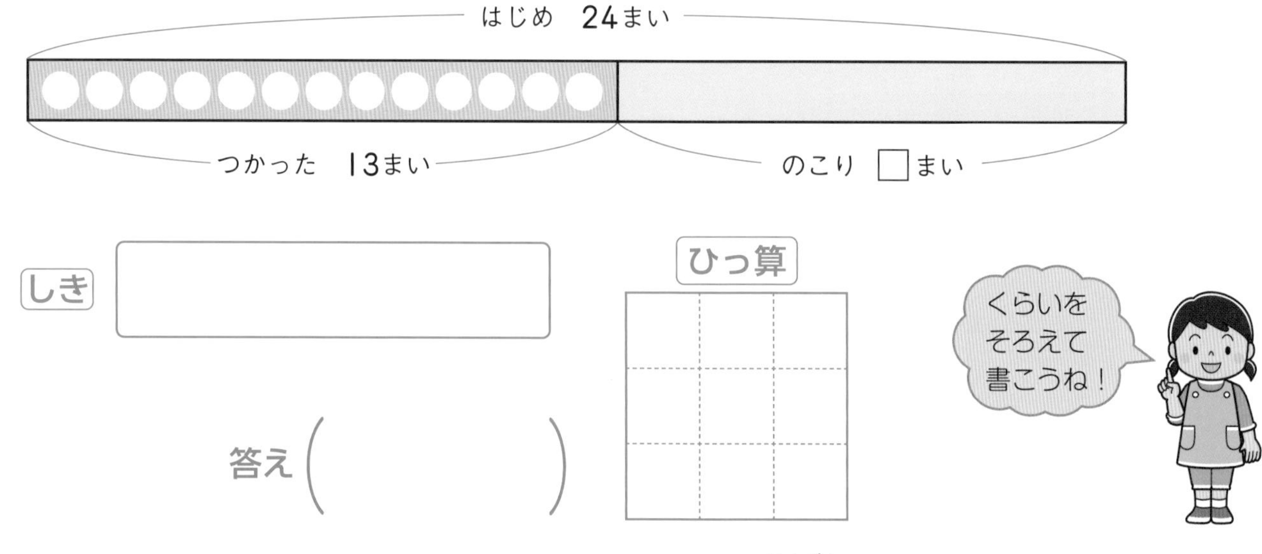

しき

答え（　　　）

2 1年生が 29人，2年生が 24人 います。人数(にんずう)の ちがいは 何人ですか。

しき

ひっ算

答え（　　　）

おうちのかたへ
（2けた）－（2けた），（2けた）－（1けた）の，くり下がりのないひき算の文章題です。
❶のように，図をかいて考えると式をつくりやすくなります。

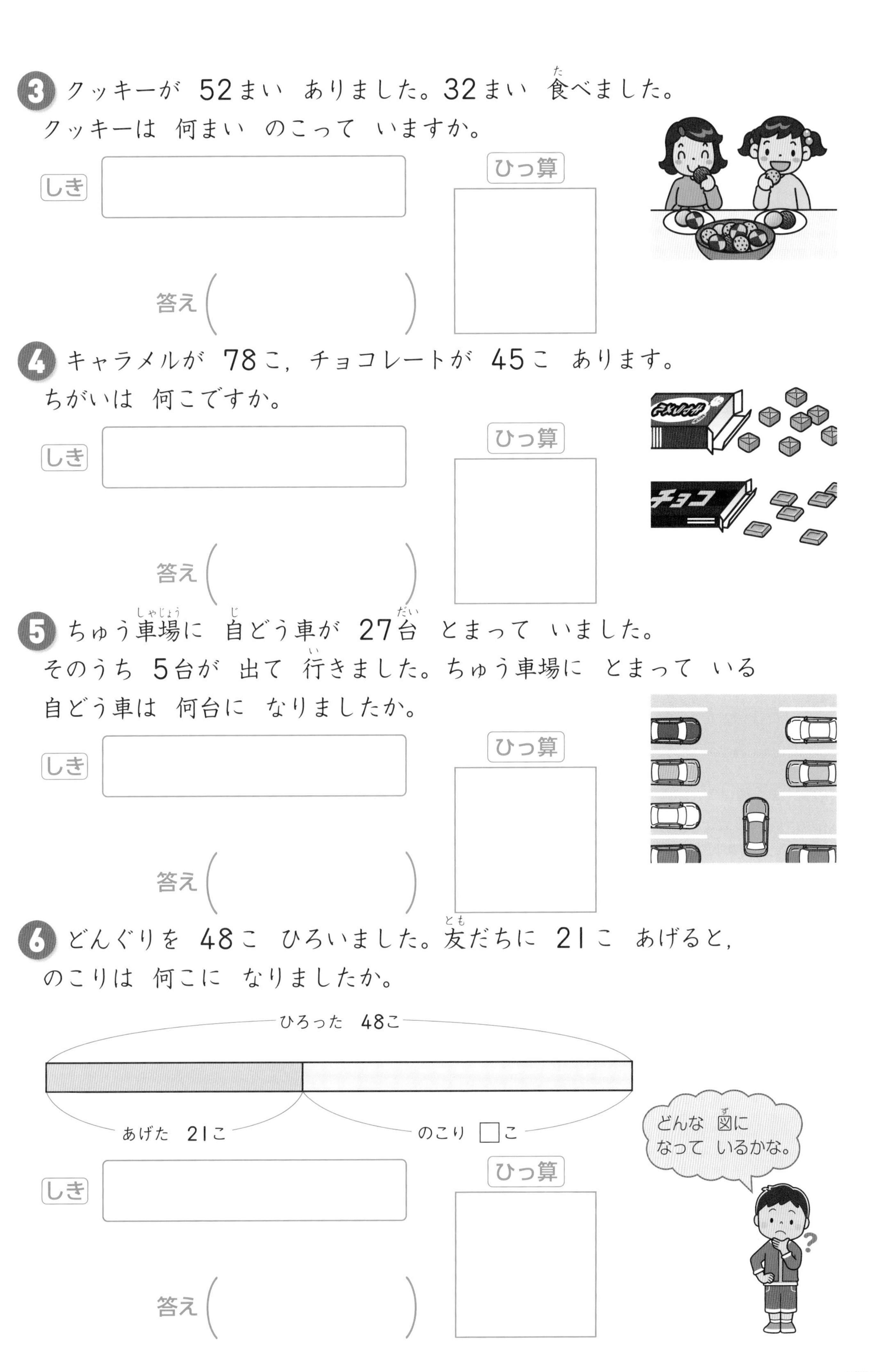

3 クッキーが　52まい　ありました。32まい　食べました。
クッキーは　何まい　のこって　いますか。

しき

ひっ算

答え（　　　　　）

4 キャラメルが　78こ，チョコレートが　45こ　あります。
ちがいは　何こですか。

しき

ひっ算

答え（　　　　　）

5 ちゅう車場に　自どう車が　27台　とまって　いました。
そのうち　5台が　出て　行きました。ちゅう車場に　とまって　いる
自どう車は　何台に　なりましたか。

しき

ひっ算

答え（　　　　　）

6 どんぐりを　48こ　ひろいました。友だちに　21こ　あげると，
のこりは　何こに　なりましたか。

しき

ひっ算

答え（　　　　　）

④ くり下がりの ある ひき算の ひっ算

きほんのワーク

答え 3ページ

やってみよう

☆ 赤い ふうせんが 35こ，白い ふうせんが 18こ あります。ちがいは 何こですか。

赤い ふうせんの □こから，白い ふうせんの □こを ひきます。

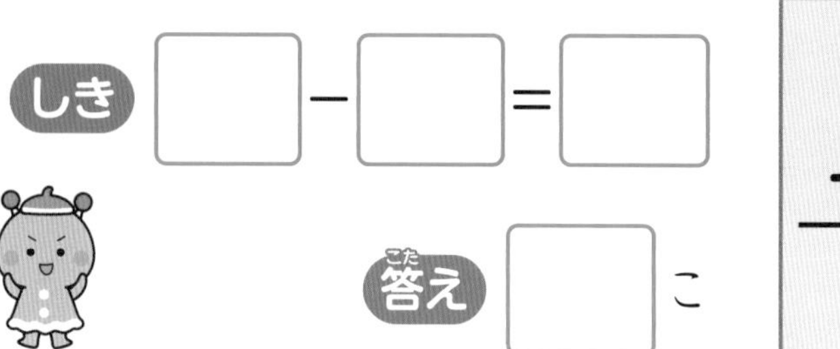

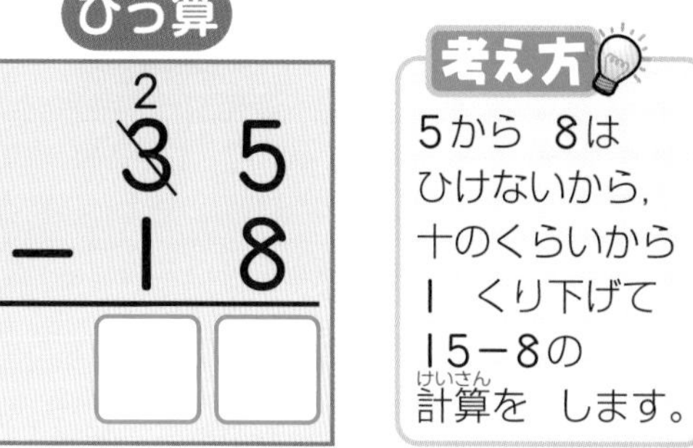

1 はるかさんは おはじきを 43こ もって いました。妹に 15こ あげました。はるかさんの おはじきは 何こに なりましたか。

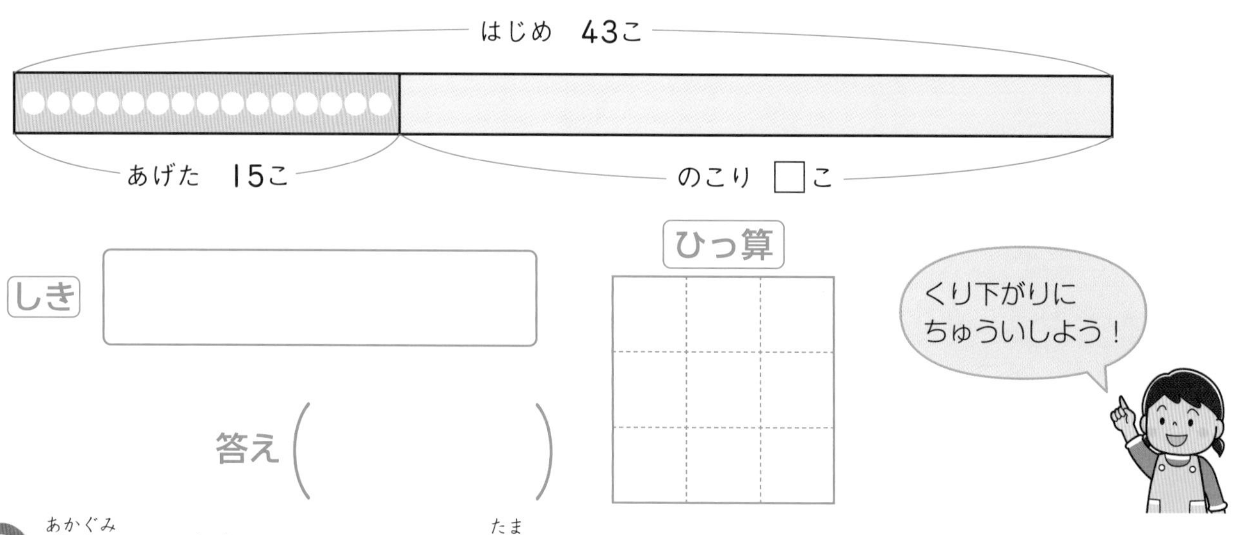

しき

答え（ ）

2 赤組と 白組に わかれて 玉入れを しました。赤組は 80こ，白組は 64こ 入れました。入れた 玉の 数の ちがいは 何こですか。

しき

ひっ算

答え（ ）

おうちのかたへ （2けた）－（2けた），（2けた）－（1けた）の，くり下がりのあるひき算の文章題です。計算ミスが多いところなので，注意しましょう。

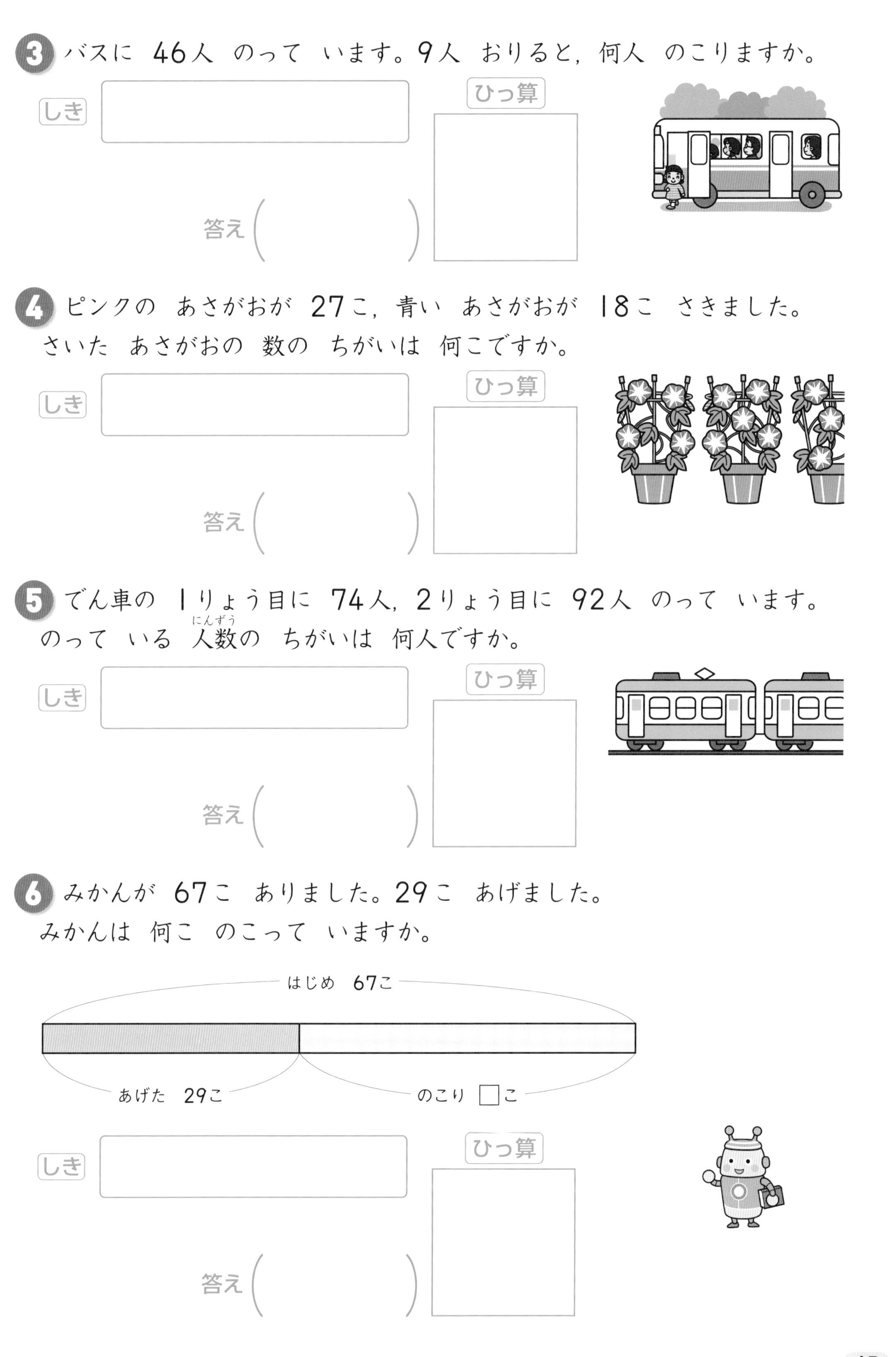

3 バスに　46人　のって　います。9人　おりると，何人　のこりますか。

しき

ひっ算

答え（　　　）

4 ピンクの　あさがおが　27こ，青い　あさがおが　18こ　さきました。
さいた　あさがおの　数の　ちがいは　何こですか。

しき

ひっ算

答え（　　　）

5 でん車の　1りょう目に　74人，2りょう目に　92人　のって　います。
のって　いる　人数の　ちがいは　何人ですか。

しき

ひっ算

答え（　　　）

6 みかんが　67こ　ありました。29こ　あげました。
みかんは　何こ　のこって　いますか。

しき

ひっ算

答え（　　　）

べんきょうした 日　月　日

まとめのテスト①

時間 20分

とく点　/100点

答え 3ページ

1 答えが 正しければ ○を 書きましょう。
まちがいが あれば，正しい 答えを 書きましょう。　1つ7〔28点〕

❶
$$\begin{array}{r} 23 \\ +37 \\ \hline 50 \end{array}$$
（　　　）

❷
$$\begin{array}{r} 4 \\ +40 \\ \hline 44 \end{array}$$
（　　　）

❸
$$\begin{array}{r} 56 \\ -13 \\ \hline 33 \end{array}$$
（　　　）

❹
$$\begin{array}{r} 74 \\ -44 \\ \hline 30 \end{array}$$
（　　　）

2 こうきさんは 50円を 出して，25円の ガムを 買いました。
おつりは 何円ですか。　1つ8〔24点〕

しき

ひっ算

答え（　　　）

3 ちゅう車場に 自どう車が 18台 とまって いました。あとから 9台 入って きました。自どう車は ぜんぶで 何台に なりましたか。　1つ8〔24点〕

しき

ひっ算

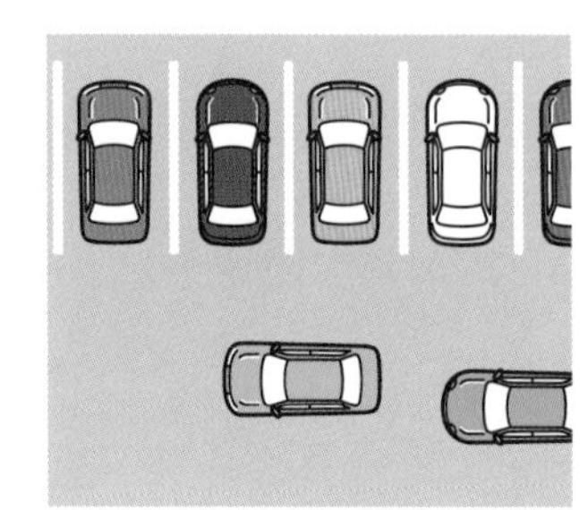

答え（　　　）

4 よく出る ねこが 34ひき，いぬが 29ひき います。
どちらが 何びき 多いですか。　1つ8〔24点〕

しき

ひっ算

答え（　　　）

チェック
□くり上がる たし算の ひっ算を まちがえずに できるかな。
□くり下がる ひき算の ひっ算を まちがえずに できるかな。

まとめのテスト②

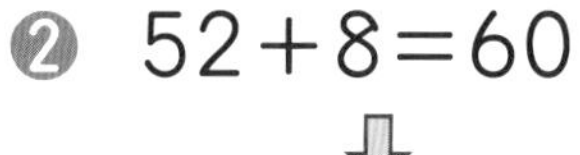

答え 3ページ

時間 20分

とく点 /100点

1 答えが 同じに なるように，□に あう 数を 書きましょう。 1つ10〔20点〕

❶ 35＋18＝53
⇩
□＋35＝53

❷ 52＋8＝60
⇩
8＋□＝60

2 答えを たしかめます。□に あう 数を 書きましょう。 1つ10〔20点〕

❶ 48－15＝33
⇩たしかめ
□＋15＝48

❷ 43－17＝26
⇩たしかめ
26＋□＝43

3 あきかんを，きのうは 26こ，今日は 37こ ひろいました。あわせて 何こ ひろいましたか。 1つ10〔20点〕

しき

答え（　　　）

4 よく出る みかんが 32こ あります。18こ 食べると，みかんは 何こ のこりますか。 1つ10〔20点〕

しき

答え（　　　）

5 バスに 28人 のって いました。あとから 6人 のって きました。ぜんぶで 何人 のって いますか。 1つ10〔20点〕

しき

答え（　　　）

□くらいを そろえて，ひっ算が できるかな。
□ひっ算の しかたを せつ明できるかな。

べんきょうした 日　月　日

① センチメートルと ミリメートル

きほんのワーク

やってみよう

☆ テープの 長さは 何cm何mmですか。また，何mmですか。

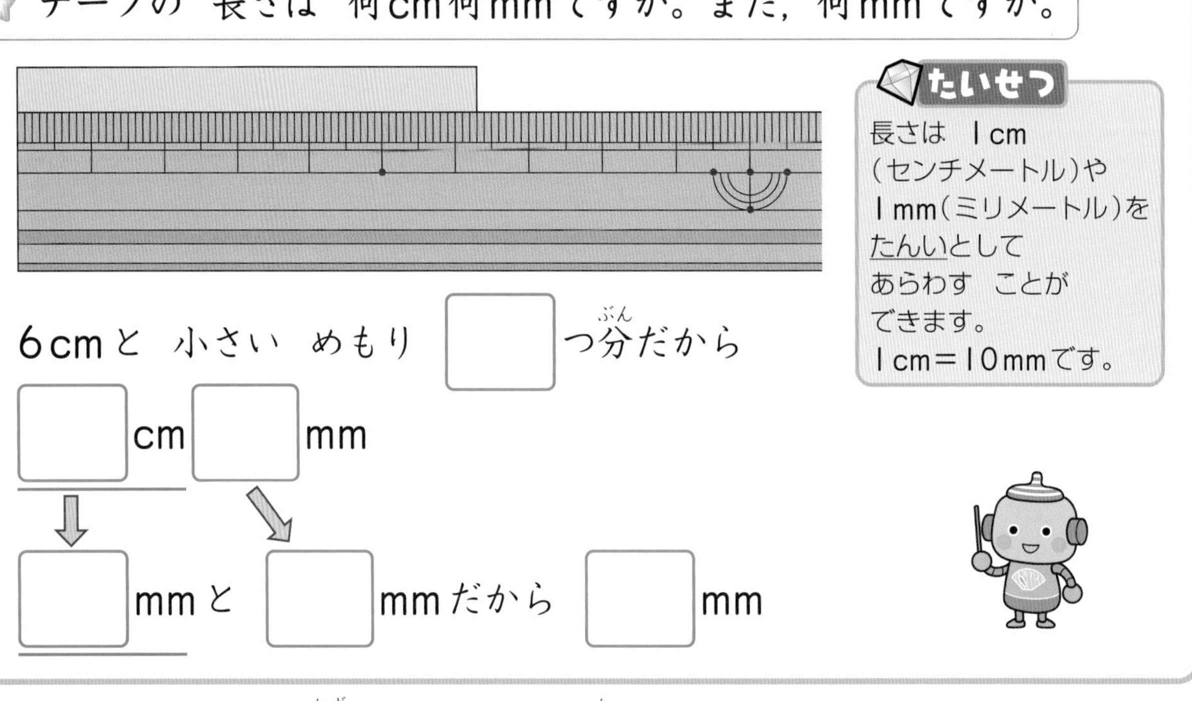

たいせつ
長さは 1cm（センチメートル）や 1mm（ミリメートル）を たんいとして あらわす ことが できます。
1cm＝10mmです。

6cmと 小さい めもり □つ分だから

□cm□mm

□mmと □mmだから □mm

1 □に あてはまる 数や ことばを 書きましょう。

❶ 1cmは □mmです。

❷ まっすぐな 線を □と いいます。

2 テープの 長さは 何cm何mmですか。また，何mmですか。

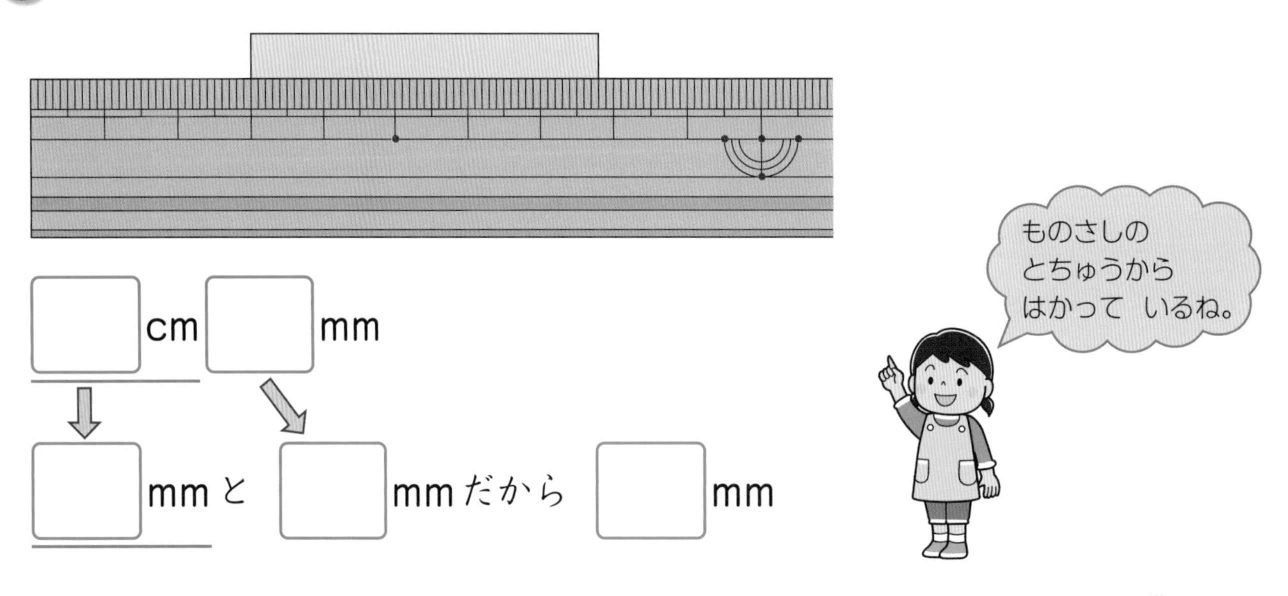

□cm□mm

□mmと □mmだから □mm

おうちのかたへ
長さの単位「cm」「mm」を学習します。30cmの物差しを使うときは，物差しとはかる物の端をそろえることを基本としましょう。1cm＝10mmという関係も，確認しておきましょう。

② 長さの 計算

きほんのワーク

答え 3ページ

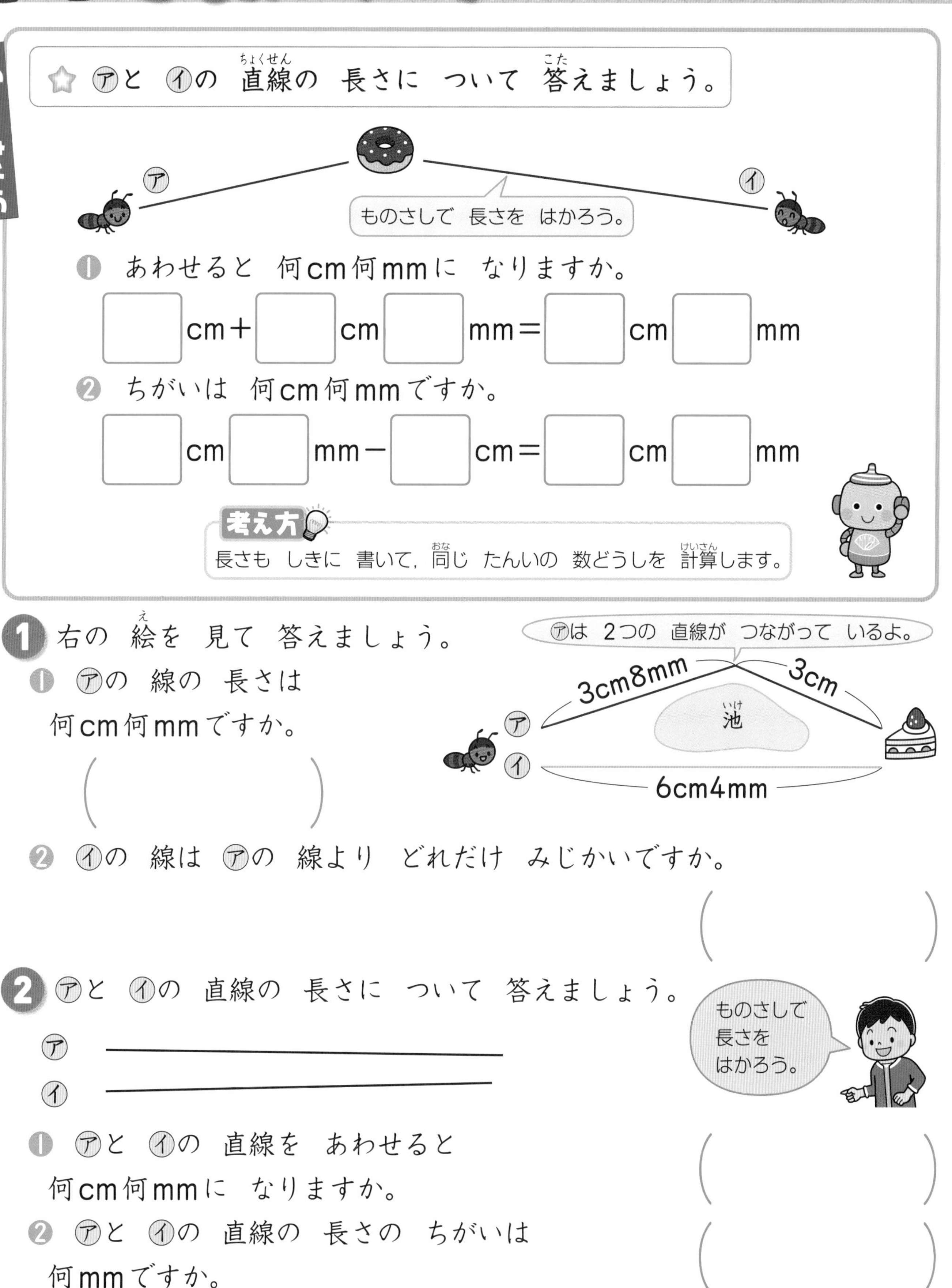

やってみよう

☆ ㋐と ㋑の 直線の 長さに ついて 答えましょう。

❶ あわせると 何cm何mmに なりますか。

□cm＋□cm□mm＝□cm□mm

❷ ちがいは 何cm何mmですか。

□cm□mm－□cm＝□cm□mm

考え方
長さも しきに 書いて，同じ たんいの 数どうしを 計算します。

1 右の 絵を 見て 答えましょう。

❶ ㋐の 線の 長さは 何cm何mmですか。

(　　　　)

❷ ㋑の 線は ㋐の 線より どれだけ みじかいですか。

(　　　　)

2 ㋐と ㋑の 直線の 長さに ついて 答えましょう。

㋐ ――――――――――

㋑ ――――――――――

❶ ㋐と ㋑の 直線を あわせると 何cm何mmに なりますか。

(　　　　)

❷ ㋐と ㋑の 直線の 長さの ちがいは 何mmですか。

(　　　　)

おうちのかたへ 2つの直線が折れ曲がっているときは，2つの直線の長さをたすことで，その長さを求めることができます。

べんきょうした 日　月　日

まとめのテスト①

時間20分　とく点 /100点

答え 4ページ

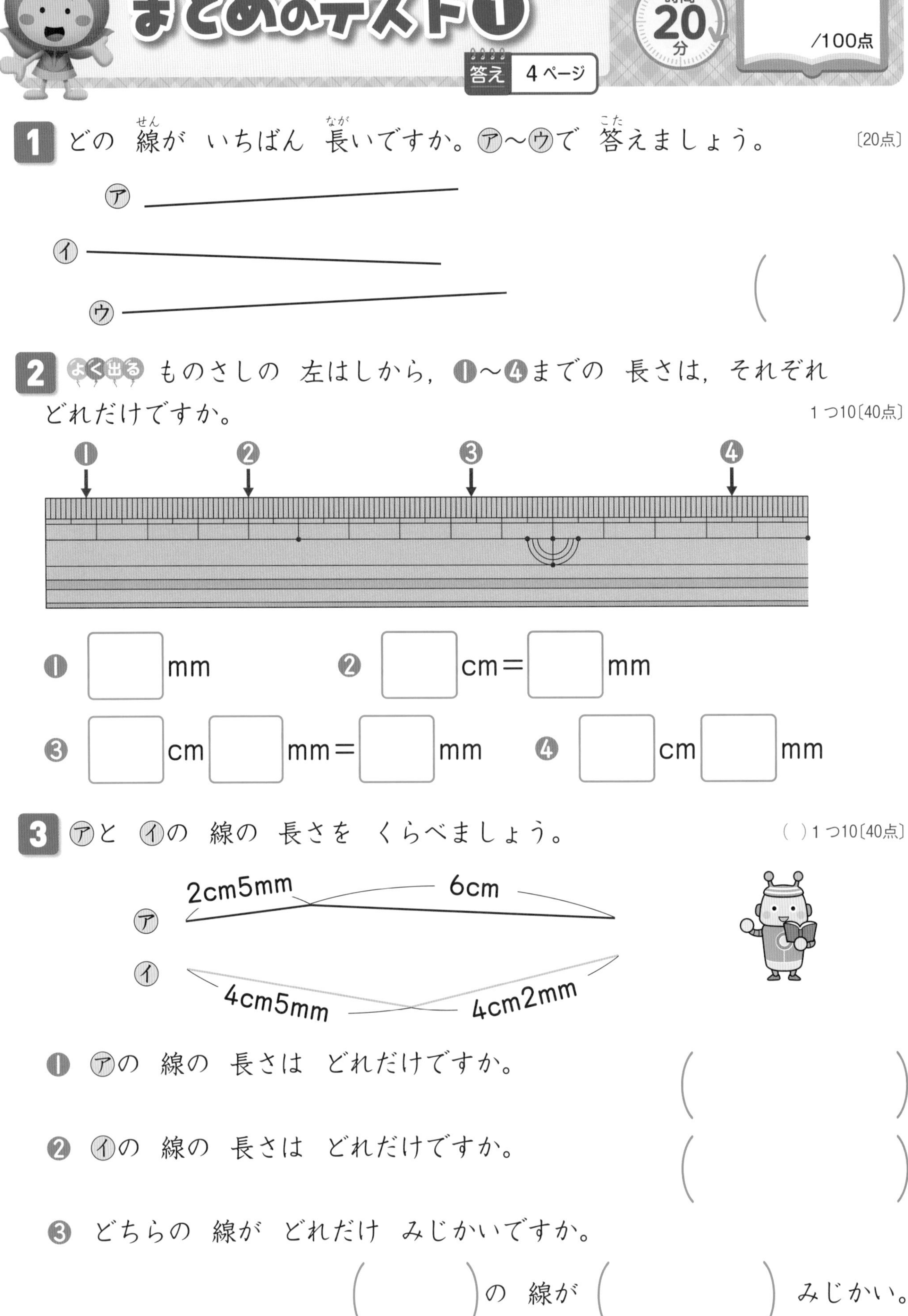

1 どの 線(せん)が いちばん 長(なが)いですか。㋐～㋒で 答(こた)えましょう。〔20点〕

㋐ ㋑ ㋒

（　　）

2 よく出る ものさしの 左はしから，❶～❹までの 長さは，それぞれ どれだけですか。 1つ10〔40点〕

❶ □mm　❷ □cm＝□mm

❸ □cm□mm＝□mm　❹ □cm□mm

3 ㋐と ㋑の 線の 長さを くらべましょう。 （　）1つ10〔40点〕

❶ ㋐の 線の 長さは どれだけですか。（　　）

❷ ㋑の 線の 長さは どれだけですか。（　　）

❸ どちらの 線が どれだけ みじかいですか。

（　　）の 線が（　　）みじかい。

チェック
□長さを 正しく はかる ことが できるかな。
□cmや mmを つかって，長さを あらわす ことが できるかな。

まとめのテスト②

答え　4ページ

時間 20分

とく点　　/100点

1 □に あてはまる 長さの たんいを 書きましょう。　1つ10〔20点〕

❶ ペンの 長さ ………… 14 □

❷ 教科書の あつさ …… 3 □

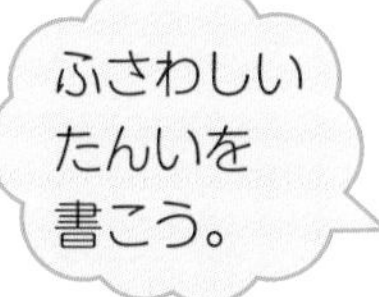

2 長い ほうの （　）に ○を つけましょう。　1つ12〔36点〕

❶ （　　） 2cm8mm ― 3cm （　　）

❷ （　　） 4cm ― 9mm （　　）

❸ （　　） 5cm6mm ― 52mm （　　）

3 下のような みどりの テープが あります。　1つ11〔22点〕

❶ この テープの 長さは 何cm何mmですか。　（　　　）

❷ この テープより 5cm 長い テープは 何cm何mmですか。　（　　　）

4 よく出る ㋐と ㋑の 直線の 長さに ついて 答えましょう。　1つ11〔22点〕

㋐ ――――――――

㋑ ――――――――

❶ ㋐と ㋑の 直線を あわせると 何cm何mmに なりますか。　（　　　）

❷ ㋐と ㋑の 直線の 長さの ちがいは 何mmですか。　（　　　）

□cmと mmの かんけいが わかったかな。
□長さの 計算を まちがえずに できるかな。

① 数の あらわし方

きほんのワーク

答え 4ページ

やってみよう

☆ □は 何こ ありますか。数字で 書きましょう。

百のくらい	十のくらい	一のくらい
100 100	10 10 10 10 10	1 1 1
2	5	3

たいせつ

百を 2こ あつめた 数を，二百と いいます。
二百と 五十三を あわせた 数を，二百五十三と いい，253と 書きます。
253の 百のくらいの 数字は 2，十のくらいの 数字は 5，一のくらいの 数字は 3です。

1 百のくらい，十のくらい，一のくらいに 数字を 書きましょう。

❶

百のくらい	十のくらい	一のくらい
100 100 100 100 100 100 100	10 10 10	1 1 1 1 1 1 1 1

❷

百のくらい	十のくらい	一のくらい
100 100 100		1 1 1 1 1

2 □に あてはまる 数を 書きましょう。

❶ 100を 4こ，10を 9こ，1を 3こ あわせた 数は □ です。

❷ 517は，100を □ こ，10を □ こ，1を □ こ あわせた 数です。

❸ 903の 百のくらいの 数字は □ で，十のくらいの 数字は □ で，一のくらいの 数字は □ です。

おうちのかたへ
3けたの数を学習します。100や10のまとまりで考えます。
❶❷の305など，空位のある数にミスが多いので，注意しましょう。

② 10を あつめた 数

きほんのワーク

答え 4ページ

やってみよう

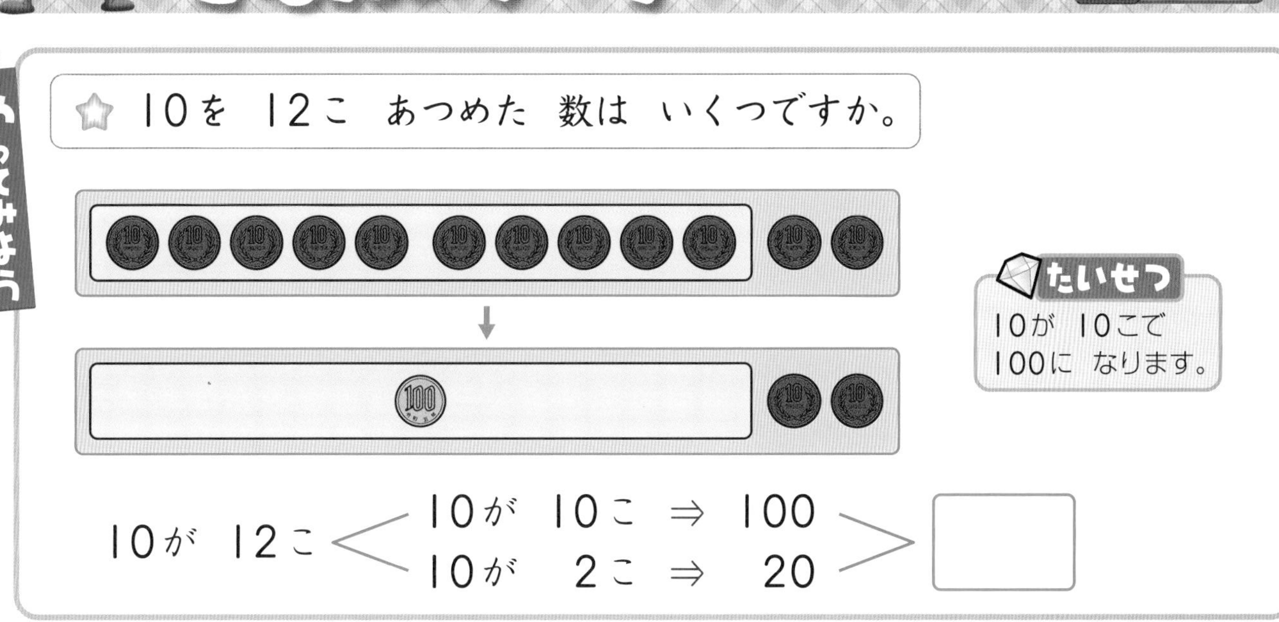

1 つぎの もんだいに 答(こた)えましょう。

❶ 10を 23こ あつめた 数は いくつですか。　（　　　）

❷ 10を 47こ あつめた 数は いくつですか。　（　　　）

❸ 10を 50こ あつめた 数は いくつですか。　（　　　）

❹ 340は，10を 何こ あつめた 数ですか。　（　　　）

❺ 730は，10を 何こ あつめた 数ですか。　（　　　）

❻ 800は，10を 何こ あつめた 数ですか。　（　　　）

2 ちょ金ばこに 10円玉(だま)が 70こ 入って いました。
ぜんぶで 何円(なんえん) 入って いましたか。

（　　　）

おうちのかたへ
「120は10を12こ集めた数」のように，10を何こ集めた数かを考えます。
❶❻はけた数を間違えやすいので，注意しましょう。

べんきょうした 日　月　日

③ 千と 数の線
きほんのワーク

答え 4ページ

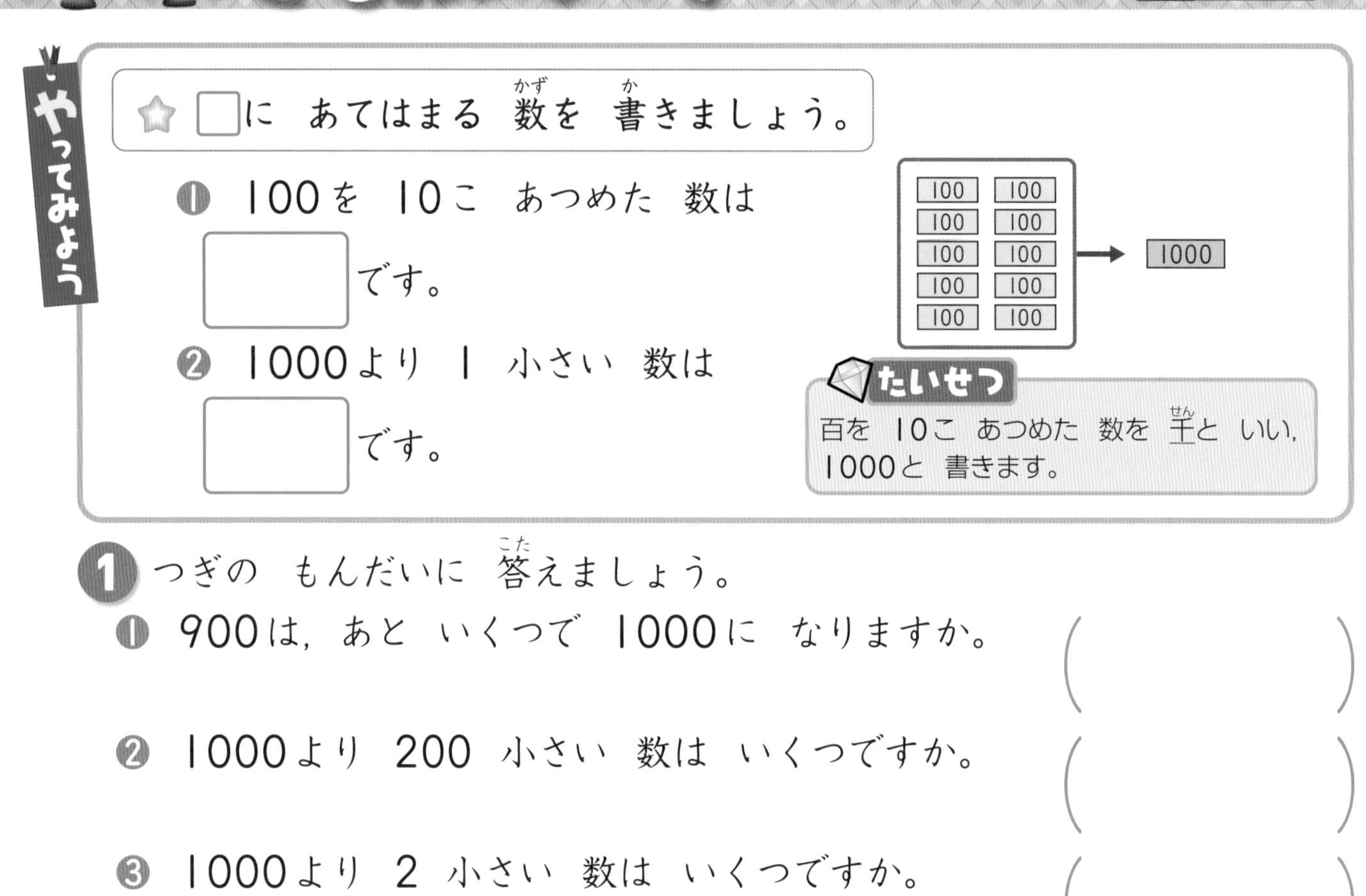

1 つぎの もんだいに 答えましょう。

❶ 900は，あと いくつで 1000に なりますか。（　　　）

❷ 1000より 200 小さい 数は いくつですか。（　　　）

❸ 1000より 2 小さい 数は いくつですか。（　　　）

❹ 1000は，10を 何こ あつめた 数ですか。（　　　）

2 下の 数の線を 見て 答えましょう。

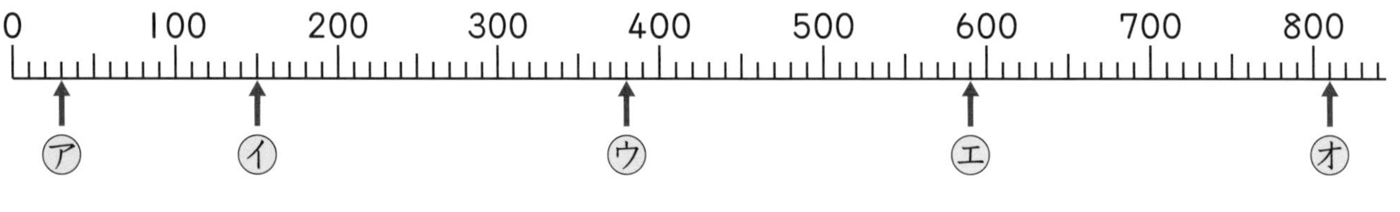

❶ いちばん 小さい 1めもりは いくつですか。（　　　）

❷ ア～オの あらわす 数を 書きましょう。

ア（　　　）　イ（　　　）　ウ（　　　）

エ（　　　）　オ（　　　）

おうちのかたへ　1000という数について学習します。
数の線（数直線）では，1目もりの数がいくつかを初めに確認しましょう。

④ 数の 大小
きほんのワーク

答え 4ページ

やってみよう

☆ 3つの 学校の 子どもの 数を くらべます。

	百	十	一
中町小学校	5	1	2
上山小学校	4	9	8
下川小学校	5	3	5

たいせつ
512＞498「512は 498より 大きい。」
512＜535「512は 535より 小さい。」

❶ 中町(なかまち)小学校と 上山(うえやま)小学校の 人数(にんずう)を ＞，＜を つかって くらべましょう。

512 □ 498

❷ 中町小学校と 下川(しもかわ)小学校の 人数を ＞，＜を つかって くらべましょう。

512 □ 535

1 □に あてはまる ＞，＜を 書きましょう。

❶ 297 □ 289　❷ 361 □ 362　❸ 96 □ 101

2 かのんさんは，90円で 30円の ガムと おかしを 買(か)おうと して います。

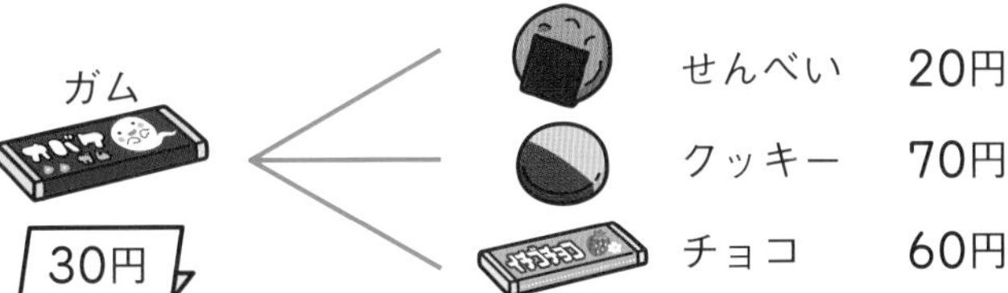

□に あてはまる ＞，＜，＝を 書きましょう。

❶ ガムと せんべい……………90 □ 30＋20

❷ ガムと クッキー……………90 □ 30＋70

❸ ガムと チョコ……………90 □ 30＋60

3 □に あてはまる ＞，＜，＝を 書きましょう。

❶ 100 □ 60＋20　❷ 60 □ 20＋40

おうちのかたへ
不等号＞，＜の意味，表し方を学習します。数の大小を考えるときは，百の位→十の位→一の位の順に比べていきます。

べんきょうした 日　月　日

⑤ 何十の たし算と ひき算
きほんのワーク

答え 4ページ

やってみよう

☆ 50円の えんぴつと 70円の けしゴムを 買うと，あわせて いくらに なりますか。

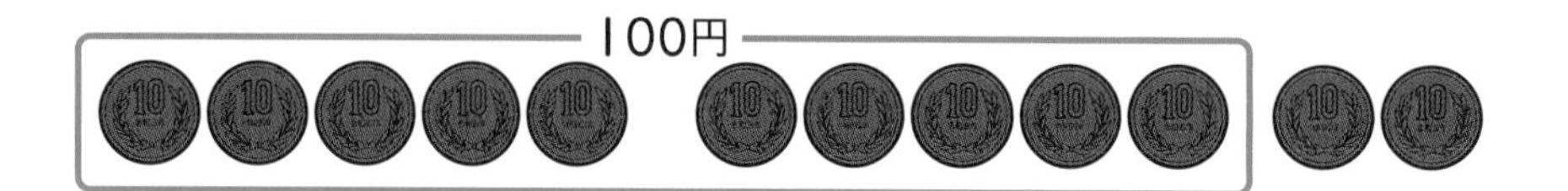

しき 50＋70＝□　　答え □円

考え方
10円玉で考えると，50＋70は10円玉が5＋7＝12（こ）で120円になります。

1 80円の チョコレートと 50円の せんべいを 1こずつ 買うと，あわせて いくらに なりますか。

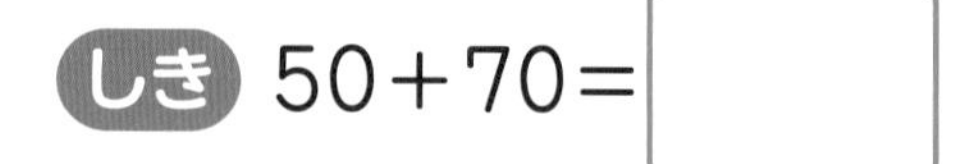

しき　　答え（　　）

2 ひなたさんは 110円 もって います。80円の けしゴムを 買うと，何円 のこりますか。

しき　　答え（　　）

3 赤い 色紙が 70まい，青い 色紙が 60まい あります。色紙は ぜんぶで 何まい ありますか。

しき　　答え（　　）

おうちのかたへ
（何十）＋（何十）＝（百何十），（百何十）－（何十）＝（何十）の文章題です。
10のまとまりを考えれば，これまでに学習した内容がそのまま使えます。

⑥ 何百の たし算と ひき算

きほんのワーク

答え 5ページ

☆ 500円の ふでばこと 300円の 紙(かみ)ねん土(ど)を 買うと，あわせて いくらに なりますか。

しき 500＋300＝□　答え □円

1 300円の チーズケーキと 400円の チョコレートケーキを 買うと，あわせて いくらに なりますか。

しき □　答え（　　）

2 りょうたさんは 700円 もって います。
400円の プラモデルを 買うと，のこりは 何円に なりますか。

しき □　答え（　　）

3 ほのかさんは 400円 もって います。

❶ 50円 もらうと，何円に なりますか。

しき 400＋50＝□　答え（　　）

❷ 450円から 50円 つかうと，何円 のこりますか。

しき 450−50＝□　答え（　　）

おうちのかたへ　(何百)±(何百)など，3けたの数をふくむたし算，ひき算の文章題です。文章題では，設問文をよく読むようにしましょう。

べんきょうした 日　月　日

まとめのテスト①

答え 5ページ

時間 20分

とく点　/100点

1 よく出る □に あてはまる 数(かず)を 書(か)きましょう。　□1つ8〔48点〕

❶
そうたさん　760は, □と 60を あわせた 数です。

れんさん　760は, □より 40 小さい 数です。

みなとさん　760は, 10を □こ あつめた 数です。

❷
そうたさん　1000は, □を 10こ あつめた 数です。

れんさん　1000は, □より 1 大きい 数です。

みなとさん　1000は, 10を □こ あつめた 数です。

2 ももかさんは 150円 もって います。80円の りんごを 買(か)うと, のこりは 何円(なんえん)に なりますか。　1つ8〔16点〕

しき

答(こた)え（　　　）

3 こうきさんは 600円, 弟(おとうと)は 400円 もって います。　1つ9〔36点〕

❶ 2人 あわせて 何円 もって いますか。

しき

答え（　　　）

❷ こうきさんは, 弟より 何円 多(おお)く もって いますか。

しき

答え（　　　）

□100より 大きい 数の しくみが わかったかな。
□何十, 何百の 計算(けいさん)が できるかな。

まとめのテスト②

答え 5ページ

時間 20分

とく点　　/100点

1 よく出る □に あてはまる 数を 書きましょう。　□1つ6〔36点〕

❶ 750 — 800 — 850 — □ — 950 — □

❷ 995 — 996 — 997 — □ — 999 — □

❸ 200　300　400　500　600　700　800　900　1000

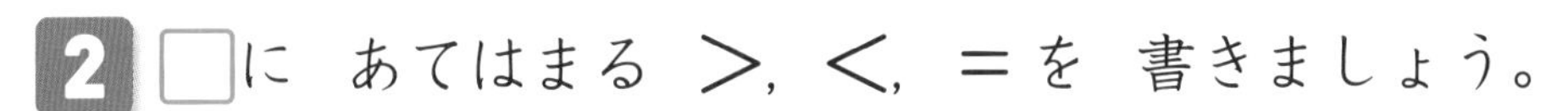

2 □に あてはまる >, <, =を 書きましょう。　1つ6〔24点〕

❶ 867 □ 786　　❷ 203 □ 211

❸ 80 □ 50+30　　❹ 100 □ 80+10

3 90円の ボールペンと 60円の えんぴつを 買うと, あわせて 何円に なりますか。　1つ6〔12点〕

しき

答え（　　　）

4 色紙(いろがみ)が 300まい ありました。40まい もらいました。　1つ7〔28点〕

❶ 色紙は 何まいに なりますか。

しき

答え（　　　）

❷ 340まいから 40まい つかうと, 色紙は 何まいに なりますか。

しき

答え（　　　）

チェック

□ 数の線(せん)を 正しく よむ ことが できるかな。
□ 100より 大きい 数の 大きさを くらべられるかな。

① デシリットル
きほんのワーク

答え 5ページ

☆ 2つの 水とうに 入る 水の かさは，それぞれ 何(なん)dLですか。

❶

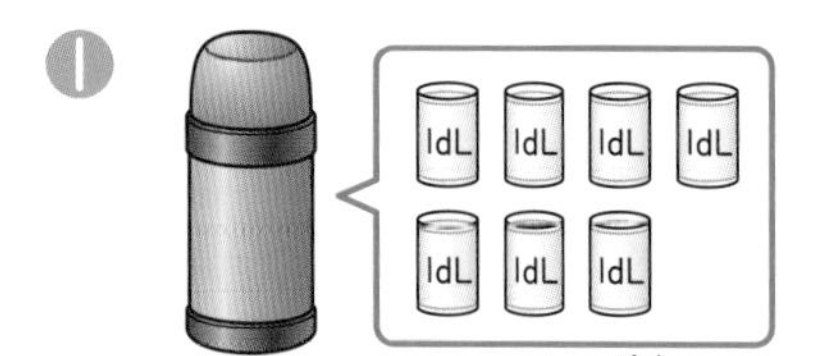

1dLの 7つ分(ぶん)で

□dL

❷

1dLの 6つ分で

□dL

水などの かさは，
1dL（デシリットル）が
いくつ分 あるかで
あらわします。

1 つぎの かさは 何dLですか。

デシリットルは
かさの たんいだね。

❶

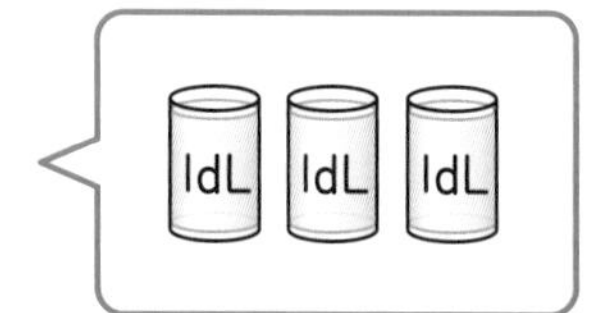

1dLの 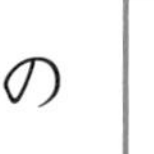 つ分で 

❷

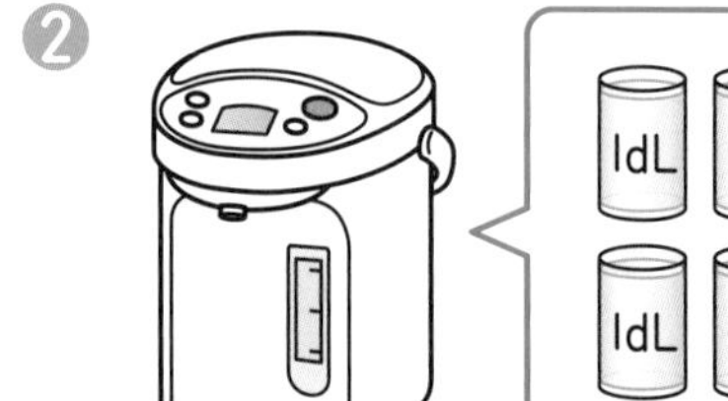

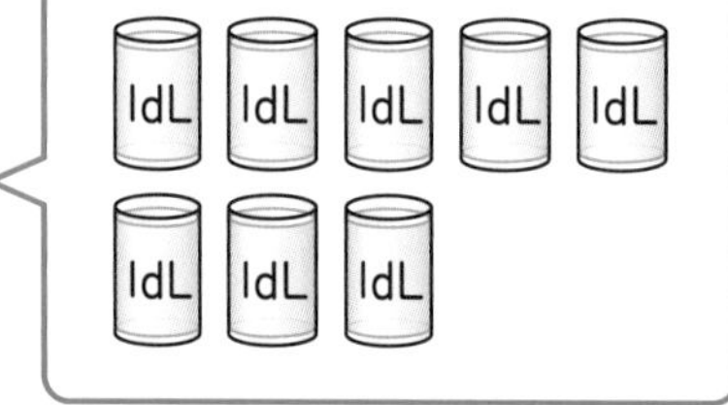

1dLの □ つ分で □ dL

2 つぎの かさは 何dLですか。

❶

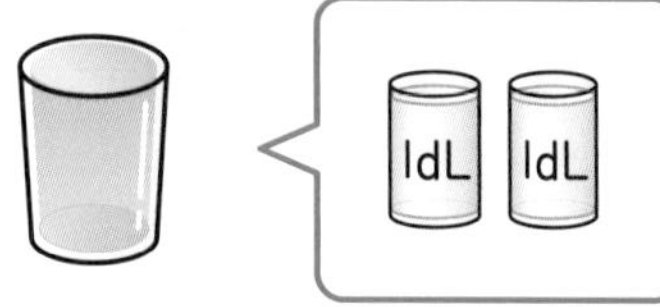

（　　　　）

❷

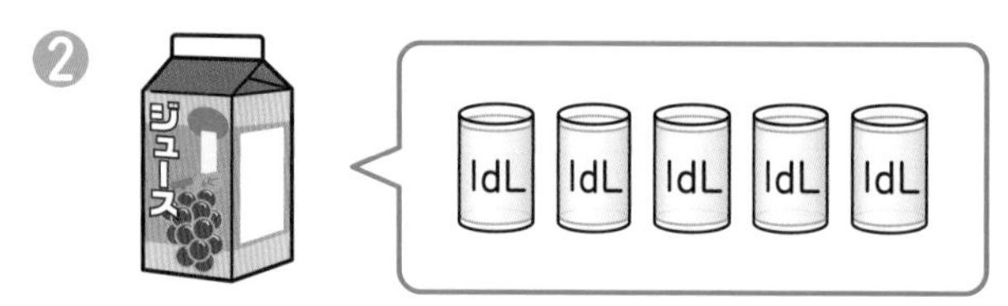

（　　　　）

❸

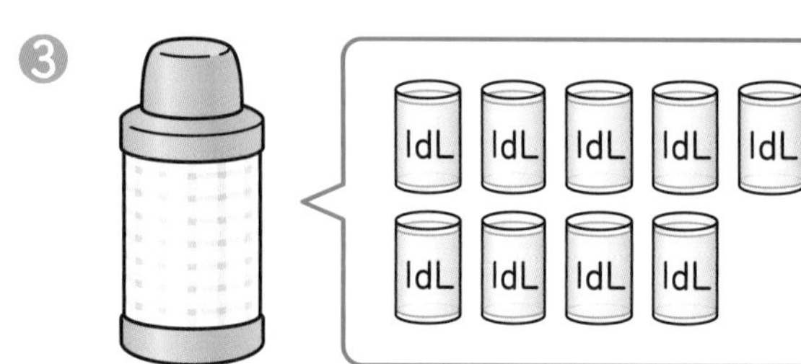

おうちのかたへ
かさ（体積）の単位dLを使って，かさを数で表すことができるようにします。
このあと，LやmLという他の単位が登場します。

② リットル
きほんのワーク

答え 5ページ

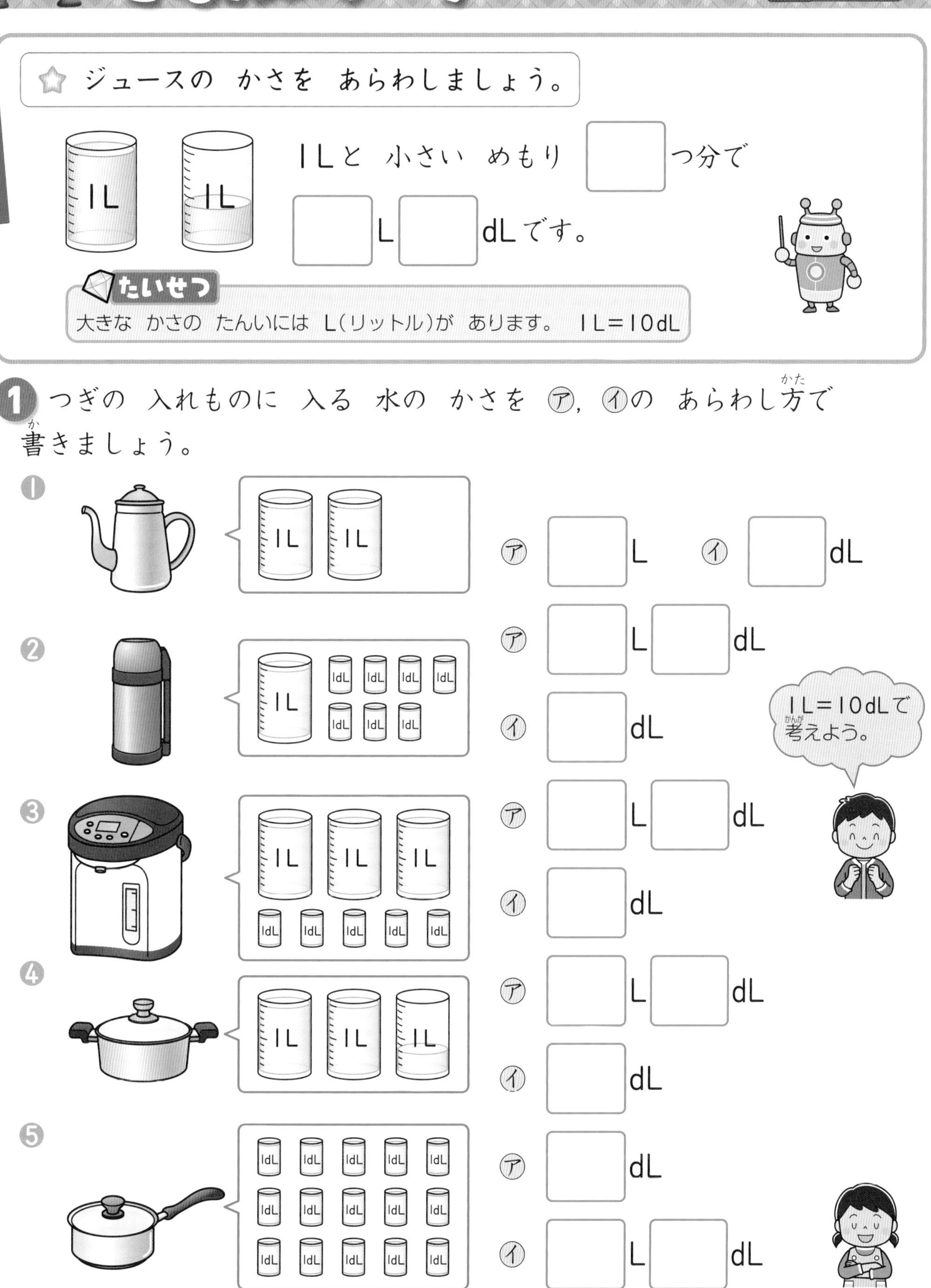

☆ ジュースの かさを あらわしましょう。

1Lと 小さい めもり □つ分で
□L□dLです。

たいせつ
大きな かさの たんいには L(リットル)が あります。 1L=10dL

1 つぎの 入れものに 入る 水の かさを ㋐, ㋑の あらわし方(かた)で 書(か)きましょう。

❶ ㋐ □L ㋑ □dL

❷ ㋐ □L□dL
㋑ □dL

❸ ㋐ □L□dL
㋑ □dL

❹ ㋐ □L□dL
㋑ □dL

❺ ㋐ □dL
㋑ □L□dL

おうちのかたへ
大きなかさをLやdLを使って表します。
1L=10dLの関係を使えば，1L7dL=17dLのように表すことができます。

③ ミリリットル
きほんのワーク

答え 5ページ

やってみよう

☆ つぎの 入れものに 入る 水の かさを 書きましょう。

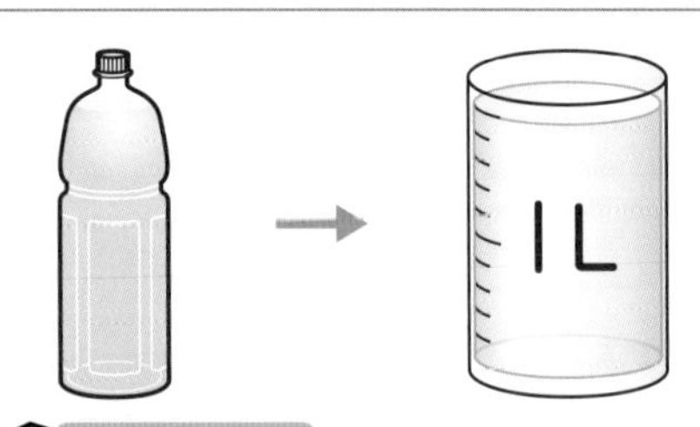

❶ 1Lの ますに 入れかえると ぴったり 入ったので，□Lです。

❷ 1L＝□mLだから，水の かさは 1000ミリリットルとも あらわせます。

たいせつ
dLより 小さい かさの たんいには mL（ミリリットル）が あります。

1 この 牛にゅうパックに 入る 水の かさは 1000mLです。1Lの ますの 何ばい分に なりますか。

1Lの ますの ちょうど □ぱい分

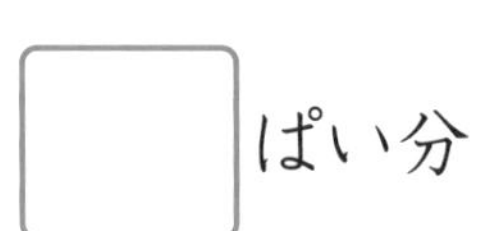

2 100mLの 入れものに 水を 入れ，1dLの ますに うつしたら，ちょうど いっぱいに なりました。□に あてはまる 数を 書きましょう。

100mL → 1dL

1dL＝□mL　1dLは 1mLの □こ分。

3 □に あてはまる 数を 書きましょう。

❶ 1000mL＝□L　❷ 100mL＝□dL

4 □に あてはまる かさの たんいを 書きましょう。

❶ やかん　3□　❷ 水とう　7□

❸ ジュースの かん　350□

おうちのかたへ
1L＝1000mL，1dL＝100mLなど，mL，dL，Lの単位の関係を学習します。入れものと単位を結びつけて，量の感覚を養いましょう。

④ かさの 計算
きほんのワーク

答え 5ページ

☆ ㋐の 水とうに 1L2dL，
㋑の 水とうに 1Lの 水が 入ります。
水は あわせて どれだけ
入りますか。

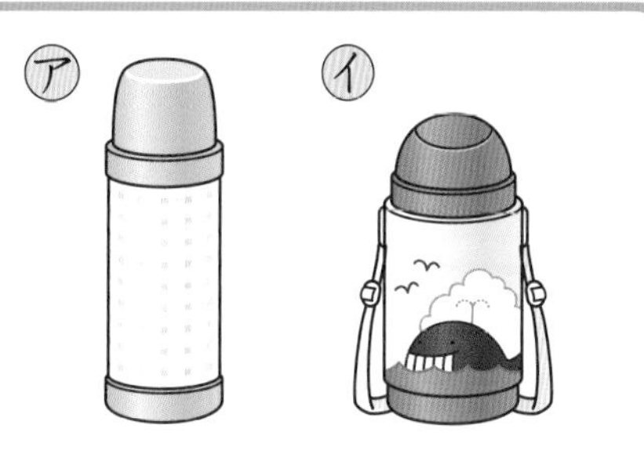

しき □L□dL＋□L＝□L□dL

たんいを つけた しきで 書いて います。

考え方
同じ たんいの 数どうしを 計算します。

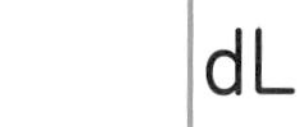

答え □L□dL

1 やってみようで，2つの 水とうに 入る
水の かさの ちがいは どれだけですか。

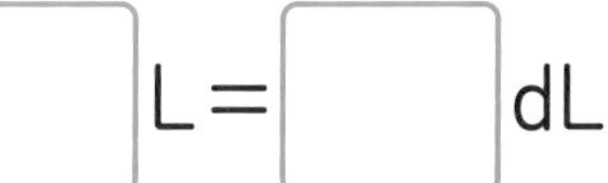

しき □L□dL－□L＝□dL

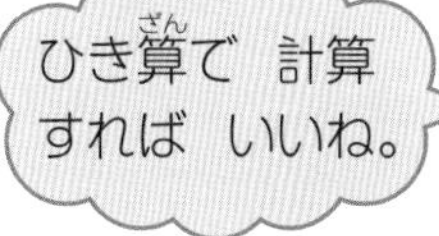

答え（　　　　）

2 ㋐の バケツには 2L7dL，㋑の コップには
2dLの 水が 入ります。

❶ ㋐と ㋑を あわせると，どれだけの
水が 入りますか。

しき □L□dL＋□dL＝□L□dL

答え（　　　　）

❷ ㋐と ㋑に 入る 水の かさの ちがいは どれだけですか。

しき □L□dL－□dL＝□L□dL

答え（　　　　）

おうちのかたへ
水のかさの計算をします。同じ単位の数どうしで計算することを学びます。
長さのときに，cmの数どうし，mmの数どうしで計算したのと同じように考えます。

べんきょうした 日　　月　　日

まとめのテスト①

時間 20分

とく点　　/100点

答え 6ページ

1 □に あてはまる 数(かず)や たんいを 書(か)きましょう。　1つ8〔32点〕

❶ 1Lは，1dLを □ あつめた かさです。

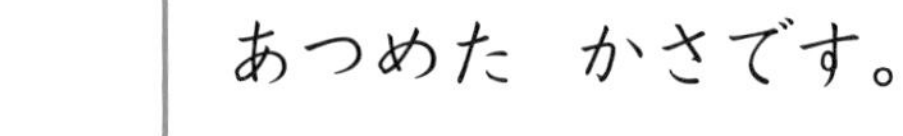

❷ 1Lは，10□ です。

❸ 1Lは，□ mLです。

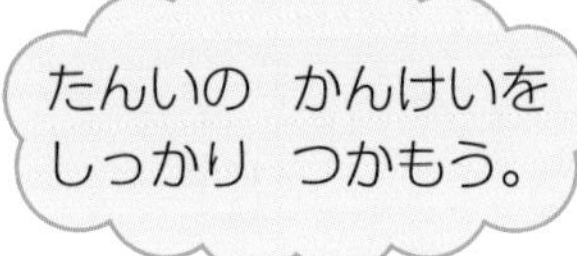

❹ 4Lは，1Lの □ つ分(ぶん)の かさです。

2 よく出る つぎの 入れものに 入る 水の かさを それぞれ ㋐，㋑の あらわし方(かた)で 書きましょう。　1つ8〔48点〕

❶

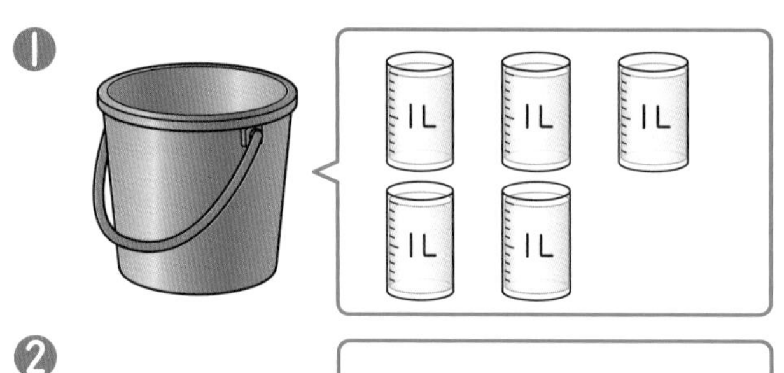

㋐ □ L

㋑ □ dL

❷

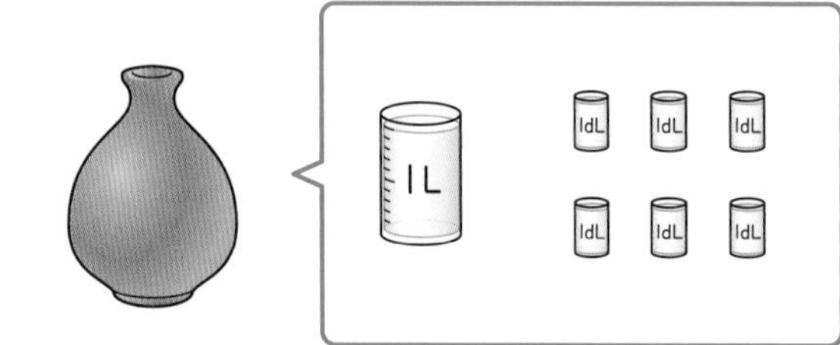

㋐ □ L □ dL

㋑ □ dL

❸

㋐ □ L □ dL

㋑ □ dL

3 ジュースが 2L8dL あります。7dL のむと，のこりは どれだけに なりますか。　1つ10〔20点〕

しき

答(こた)え（　　　）

□かさの たんいの かんけいが わかったかな。
□mL，dL，Lを つかって，かさを あらわす ことが できるかな。

まとめのテスト②

答え 6ページ

時間 20分

とく点 /100点

1 □に あてはまる かさの たんいを 書きましょう。 1つ8〔32点〕

❶  カップ 180□　❷ 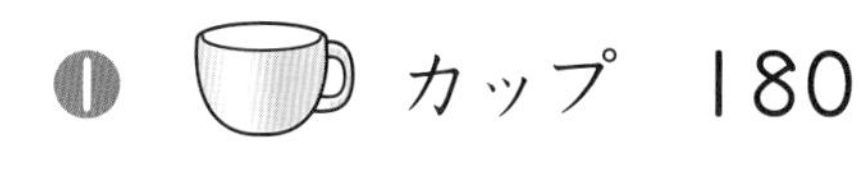  バケツ 2□

❸  コップ 2□　❹ ペットボトル 500□

2 よく出る ㋐の 水そうに 8L, ㋑の 水そうに 2Lの 水が 入ります。 1つ8〔32点〕

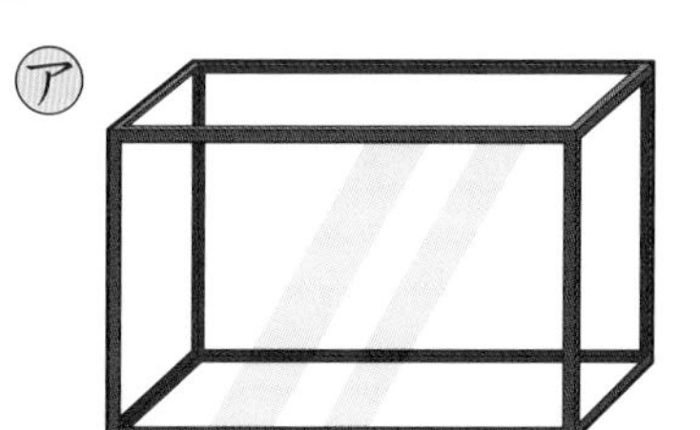

❶ 水は，あわせて どれだけ 入りますか。

しき

答え（　　　　）

❷ 2つの 水そうに 入る 水の かさの ちがいは どれだけですか。

しき

答え（　　　　）

3 ㋐の ポットに 2L6dL, ㋑の なべに 2Lの 水が 入ります。 1つ9〔36点〕

❶ 水は，あわせて どれだけ 入りますか。

しき

答え（　　　　）

❷ 2つの 入れものに 入る 水の かさの ちがいは どれだけですか。

しき

答え（　　　　）

チェック

□ 1mL, 1dL, 1Lが どのくらいの かさなのか，わかるかな。
□ かさの 計算が できるかな。

① 計算の くふう

きほんのワーク

答え 6ページ

やってみよう

☆ ゆうとさんは，25円の ガムと 30円の えんぴつを 買いました。けしゴムを 買いわすれて 店に もどり，40円の けしゴムを 買いました。ぜんぶで いくらでしたか。

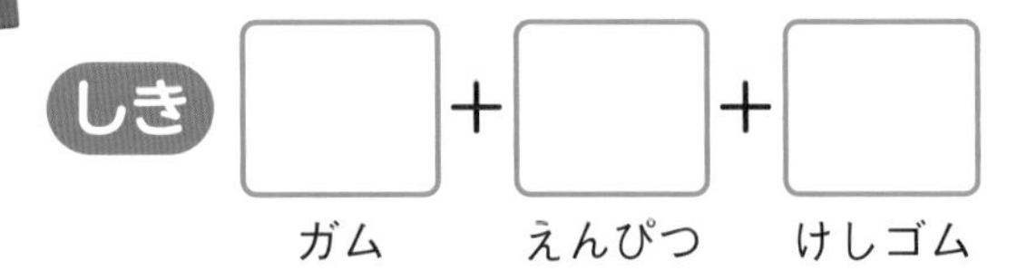

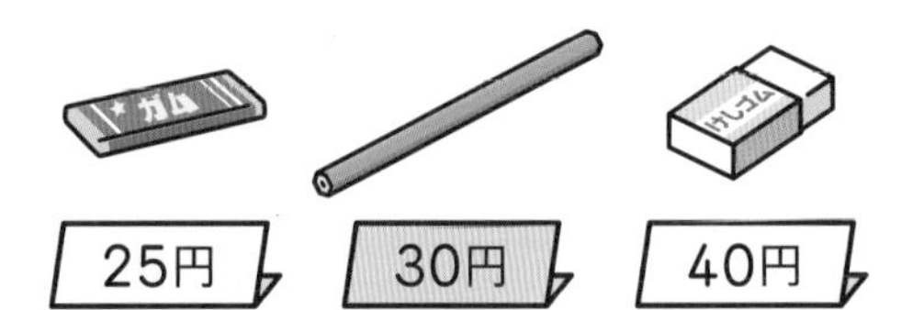

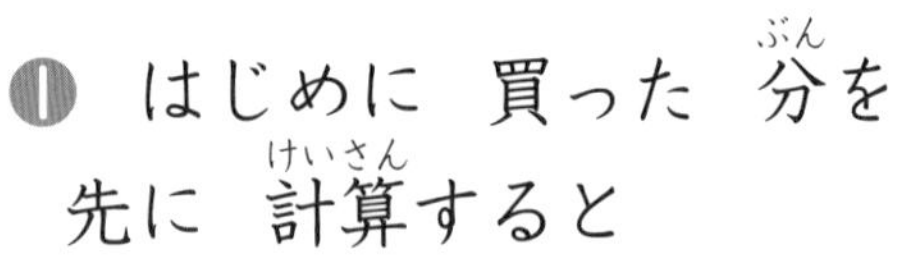

❶ はじめに 買った 分を 先に 計算すると

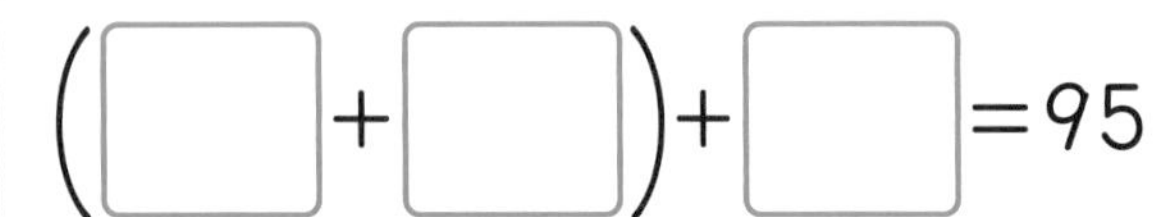

❷ 文ぼうぐの だい金を 先に 計算すると

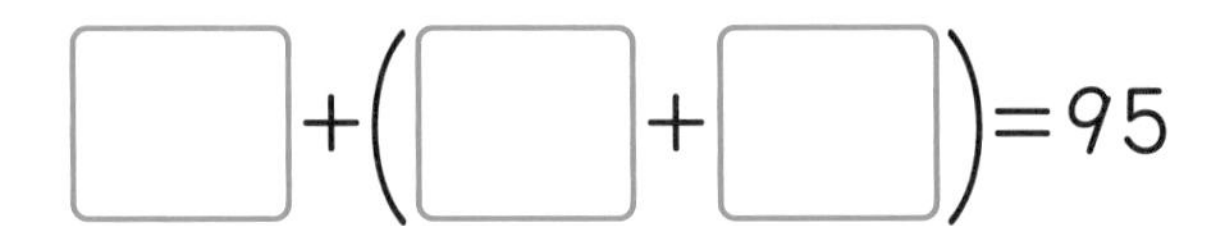

たいせつ
たし算では，たす じゅんじょを かえても，答えは 同じに なります。

1 青い 色紙が 15まい ありました。お母さんから 赤い 色紙を 8まい もらい，お姉さんから 赤い 色紙を 2まい もらいました。色紙は，ぜんぶで 何まいに なりましたか。

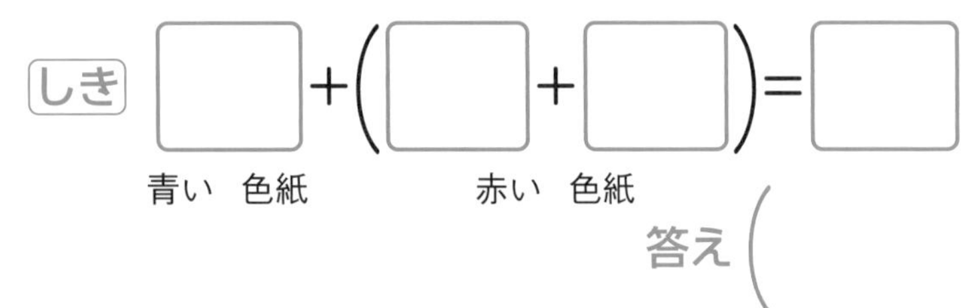

答え（　　　）

2 あおいさんは，本を きのう 36ページ 読みました。今日は 午前中に 15ページ，午後から 25ページ 読みました。きのうと 今日で 何ページ 読みましたか。

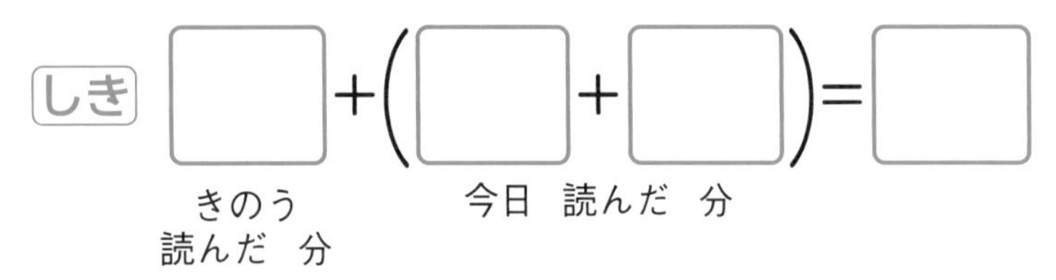

答え（　　　）

( )を使ったたし算を学びます。
( )を上手に使って，ぴったり何十になる計算を先にすると，計算が簡単になります。

② 3つの 数の たし算

きほんのワーク

答え 6ページ

やってみよう

☆ 水色の 色紙が 34まい，オレンジの 色紙が 19まい，ピンクの 色紙が 18まい あります。色紙は ぜんぶで 何まい ありますか。

1つの しきに あらわす ことが できます。

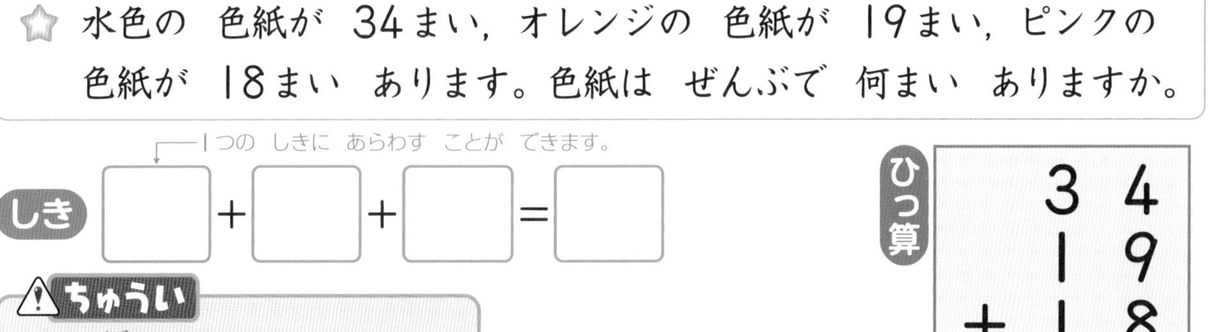

しき □＋□＋□＝□

ひっ算

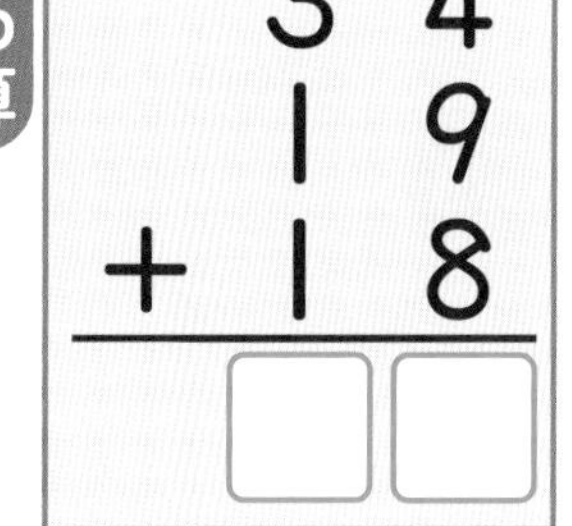

ちゅうい
3つの 数の たし算は，1つの ひっ算で 計算する ことが できます。くり上がりに 気を つけましょう。

答え □ まい

1 青い テープが 12本，赤い テープが 37本，黄色い テープが 12本 あります。テープは ぜんぶで 何本 ありますか。

しき

ひっ算

答え（　　　）

2 校ていに 2年生が 37人，3年生が 46人，先生が 5人 います。ぜんぶで 何人 いますか。

しき

ひっ算

答え（　　　）

3 おはじきを わたしは 24こ，お姉さんは 37こ，妹は 19こ もって います。おはじきは ぜんぶで 何こ ありますか。

しき

ひっ算

答え（　　　）

おうちのかたへ
3つの数の計算を筆算でする問題です。
3つの数のたし算は，1つの筆算で計算することができます。

べんきょうした 日　月　日

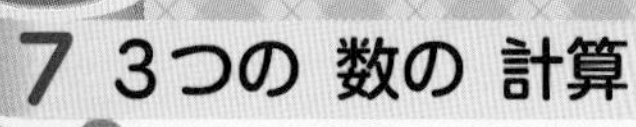

③ 3つの 数の 計算(1)

きほんのワーク

答え 6ページ

やってみよう

☆ おり紙が 83まい ありました。きのう 25まい つかいました。今日 39まい つかいました。おり紙は 何まい のこって いますか。

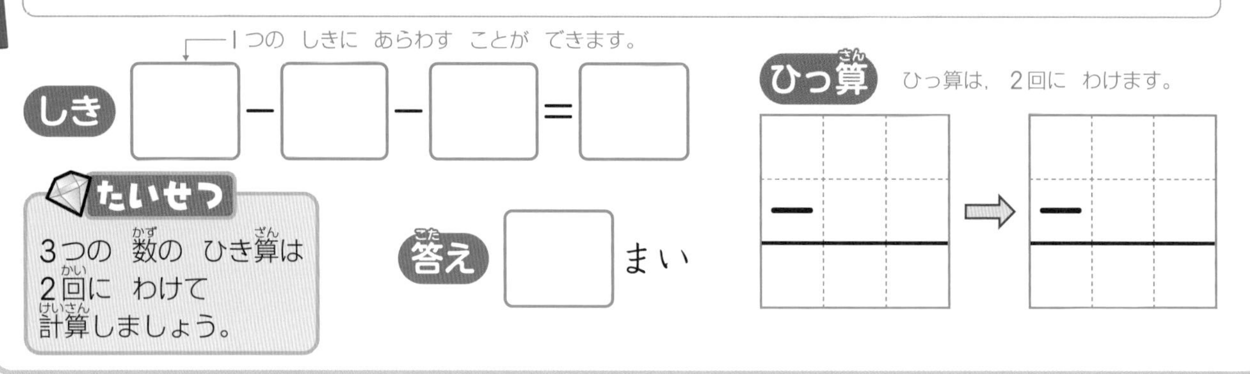

1 赤と 白と 黄色の バラが あわせて 78本 さいて います。そのうち 赤が 41本，白が 12本です。黄色の バラは 何本 さいて いますか。

しき

ひっ算

答え（　　）

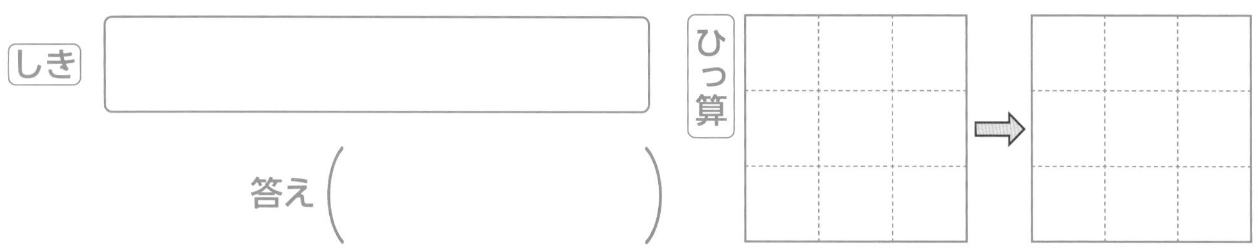

2 96ページ ある 本を きのうまでに 68ページ 読みました。今日は 12ページ 読みました。のこりは 何ページですか。

しき

ひっ算

答え（　　）

3 さくらさんは テープを 90cm もって います。はるきさんに 38cm，ひなさんに 26cm あげると，のこりは 何cmに なりますか。

しき

ひっ算

答え（　　）

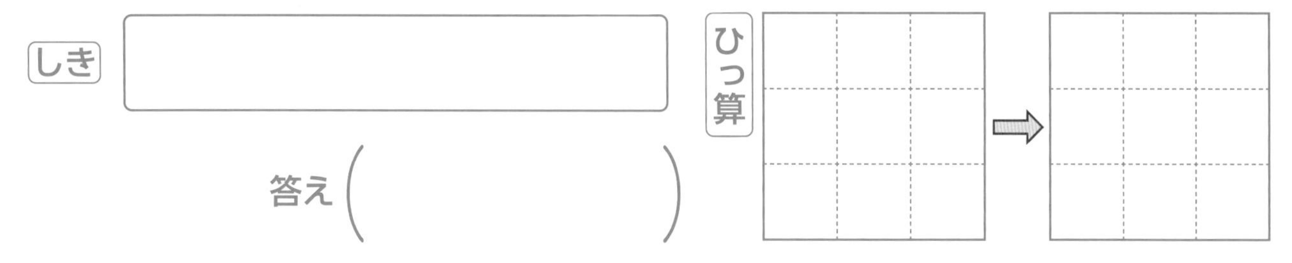

おうちのかたへ　3つの数のひき算は，筆算を2つに分けて順に計算します。少し難しい問題になりますが，頑張ってチャレンジしてみましょう！

④ 3つの 数の 計算(2)

きほんのワーク

答え 7ページ

やってみよう

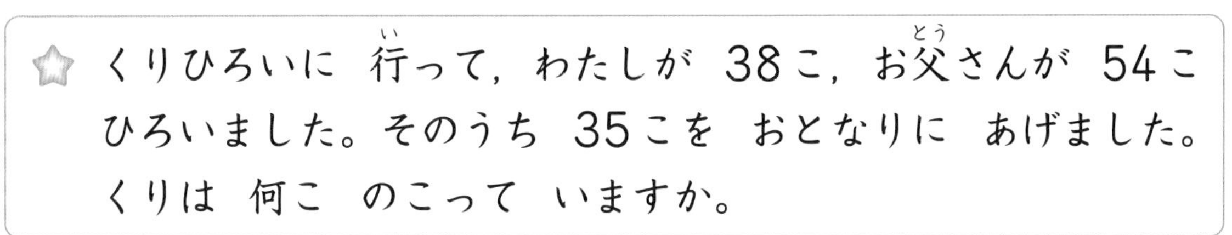

☆ くりひろいに 行って，わたしが 38こ，お父さんが 54こ ひろいました。そのうち 35こを おとなりに あげました。くりは 何こ のこって いますか。

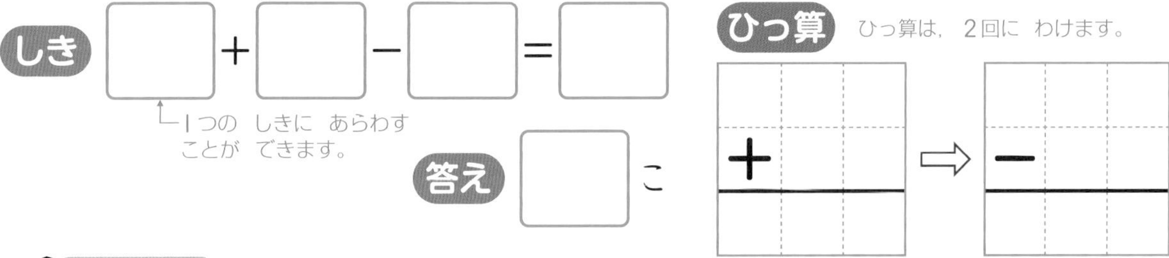

しき □＋□－□＝□

↑1つの しきに あらわす ことが できます。

答え □こ

ひっ算 ひっ算は，2回に わけます。

＋ ⇨ －

たいせつ

たし算と ひき算が まじった 3つの 数の 計算は，前から じゅんに 計算しましょう。

1 お店に ケーキが 42こ ありました。27こ 売れたので，さらに 32こ 作りました。ケーキは 何こに なりましたか。

しき

答え（　　　）

ひっ算 ⇨

2 魚を きのう 36ぴき，今日は 28ひき つりました。みんなで 12ひき 食べると，のこりは 何びきに なりますか。

しき

答え（　　　）

ひっ算 ⇨

3 ちゅう車場に 車が 81台 とまって います。24台 出て 35台 入ると，車は 何台に なりますか。

しき

答え（　　　）

ひっ算 ⇨

おうちのかたへ たし算とひき算がまじっている3つの数の計算は，2回に分けて計算します。少し難しい問題になりますが，問題をよく読んで1つの式で表してみましょう。

べんきょうした 日　月　日

まとめのテスト①

答え 7ページ

時間 20分

とく点　/100点

1 よく出る 1年生が 12人と 2年生が 6人 あそんで いました。そこへ 3年生が 4人 きました。子どもは みんなで 何人(なんにん)に なりましたか。

1つ11〔22点〕

しき

答え（　　　）

2 赤い 色紙(いろがみ)が 37まい，青い 色紙が 29まい ありました。今日(きょう) 42まい つかいました。色紙は 何まい のこって いますか。1つ10〔30点〕

しき

ひっ算(さん)

答え（　　　）

3 バスに 35人 のって いました。ていりゅうじょで 12人 おりて，19人 のって きました。今(いま) バスに のって いるのは，何人ですか。

1つ12〔24点〕

しき

答え（　　　）

4 えんぴつを 15本 もって いました。お兄(にい)さんから 4本，お姉(ねえ)さんから 6本 もらいました。えんぴつは あわせて 何本に なりましたか。

1つ12〔24点〕

しき

答え（　　　）

□（ ）の ある 計算(けいさん)の しかたが わかったかな。
□3つの 数(かず)の 計算を，2回(かい)に わけて 計算できるかな。

まとめのテスト②

答え　7ページ

1 あきかんを　きのうまでに　46こ　あつめました。今日は　スチールかんを　17こ，アルミかんを　19こ　あつめました。あつめた　あきかんは　ぜんぶで　何こに　なりましたか。

ひっ算

1つ10〔30点〕

しき

答え（　　　　）

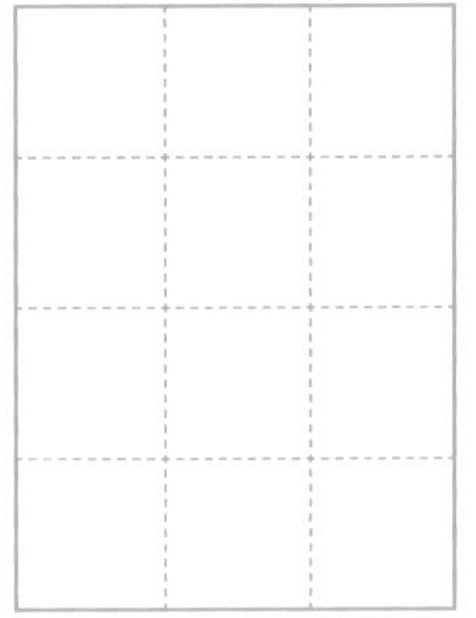

2 よく出る　どうぶつひろばに　うさぎが　17ひき，りすが　8ひき，ひつじが　3びき　います。どうぶつは　みんなで　何びき　いますか。

1つ11〔22点〕

しき

答え（　　　　）

3 赤い　リボンが　14本，青い　リボンが　23本，黄色（きいろ）い　リボンが　7本　あります。リボンは　あわせて　何本　ありますか。

1つ12〔24点〕

しき

答え（　　　　）

4 しゅくだいで　計算の　もんだいが　90もん　出ました。きのう　25もん　やって，今日　32もん　やりました。もんだいは　あと　何もん　のこって　いますか。

1つ12〔24点〕

しき

答え（　　　　）

□3つの　数の　たし算を，1つの　ひっ算で　計算できるかな。
□計算が　かんたんに　なるように，くふうできるかな。

べんきょうした 日　月　日

① 百のくらいに くり上がる たし算

きほんのワーク

答え 7ページ

やってみよう

☆ 赤い 色紙(いろがみ)が 73まい，白い 色紙が 64まい あります。色紙は あわせて 何(なん)まい ありますか。

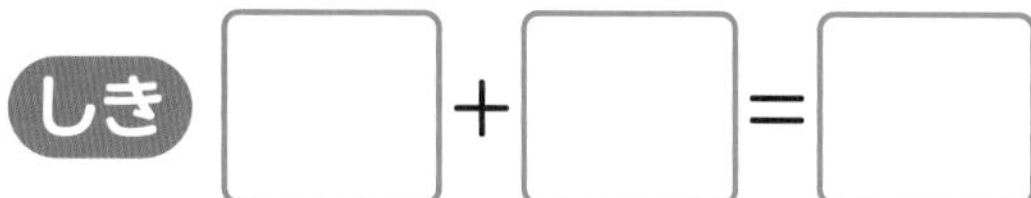

赤い 色紙 □ まいと，白い 色紙 □ まいを たします。

しき □＋□＝□

答(こた)え □ まい

ひっ算(さん)

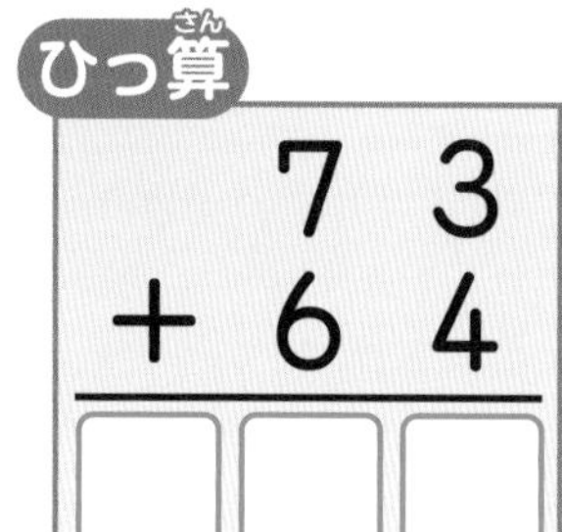

$$\begin{array}{r} 7\ 3 \\ +\ 6\ 4 \\ \hline \square\square\square \end{array}$$

⚠ ちゅうい
百のくらいに くり上がりの ある たし算(ざん)です。くり上がりに ちゅういします。

1 45円の けしゴムと 80円の 色えんぴつを 買(か)います。あわせて いくらですか。

しき

答え（　　　）

ひっ算

2 小学生が 58人，中学生が 67人 います。あわせて 何人 いますか。

しき

答え（　　　）

ひっ算

十のくらいにも くり上がりが あるよ。気を つけてね。

3 みおさんは 本を きのうまでに 79ページ 読(よ)み，今日(きょう)は 26ページ 読みました。あわせて 何ページ 読みましたか。

しき

答え（　　　）

おうちのかたへ
百の位にくり上がりのある（２けた）＋（２けた）＝（３けた）の計算を筆算で行う文章題です。くり上がりに注意して計算しましょう。

② 百のくらいから くり下がる ひき算

きほんのワーク

答え 7ページ

やってみよう

☆ 色紙が 143まい ありました。71まい つかいました。のこりは 何まいですか。

はじめに あった □ まいから，つかった □ まいを ひきます。

しき □－□＝□

答え □ まい

ひっ算

	1	4	3
－		7	1
		□	□

考え方

十のくらいで，4から 7は ひけないので 14－7＝7と 計算します。

1 ひろとさんは，カードを 128まい もって いました。弟(おとうと)に 53まい あげました。カードは 何まい のこって いますか。

しき

ひっ算

答え（　　　）

2 アルミかんと スチールかんを，あわせて 134こ あつめました。そのうち，アルミかんは 47こでした。スチールかんは，何こ あつめましたか。

くり下がりが つづくよ。気を つけてね。

しき

ひっ算

答え（　　　）

3 りおさんは，なわとびで 103回(かい) とびました。妹(いもうと)は，りおさんより 9回 少(すく)なく とんだそうです。妹は，何回 とびましたか。

しき

答え（　　　）

おうちのかたへ　百の位からくり下がりのある計算を筆算でする文章題です。❷❸のように，くり下がりが続く計算には，特に注意しましょう。

③ 3けたの たし算

きほんのワーク

答え 7ページ

やってみよう

☆ ゆうとさんは，245円の はさみと 34円の 色紙(いろがみ)を 買(か)います。あわせて いくらですか。

はさみの □ 円と，色紙の □ 円を たします。

しき □ ＋ □ ＝ □

ひっ算(さん)

$$\begin{array}{r} 245 \\ +\ \ 34 \\ \hline \square\square\square \end{array}$$

さんこう

$$\begin{array}{r} 45 \\ +34 \\ \hline \end{array}$$

を もとに 考(かんが)えます。

答(こた)え □ 円

1 公園(こうえん)に 子どもが 314人，おとなが 72人 います。あわせて 何人(なんにん) いますか。

しき

答え（　　　）

ひっ算

2 68円の ペンと 425円の 絵(え)のぐセットを 買います。あわせて いくらですか。

しき

答え（　　　）

ひっ算

十のくらいに くり上がりが あるよ。

3 みゆさんは シールを あつめて います。キラキラシールが 8まい，ふつうの シールが 209まい あります。シールは あわせて 何まい ありますか。

しき

答え（　　　）

おうちのかたへ　3けたの数を含んだたし算を筆算で行う文章題です。くり上がりに注意して計算しましょう。

④ 3けたの ひき算

きほんのワーク

答え 8ページ

☆ はやとさんは，278円 もって います。
45円の えんぴつを 買うと，のこりは いくらですか。

もって いる □円から，えんぴつの □円を ひきます。

しき □－□＝□

ひっ算

$$\begin{array}{r} 278 \\ -\ \ 45 \\ \hline \square\square\square \end{array}$$

さんこう

$$\begin{array}{r} 78 \\ -45 \\ \hline \end{array}$$

を もとに 考えます。

答え □円

1 ゆうなさんは，168ページの 本を 読(よ)んで います。
65ページ 読みました。あと 何ページ のこって いますか。

しき

ひっ算

答え（　　　）

2 公園に 362人 います。そのうち おとなは 48人です。
子どもは 何人 いますか。

しき

ひっ算

$$\begin{array}{r} 62 \\ -48 \\ \hline \end{array}$$

を もとに 考えれば いいね。

答え（　　　）

3 ふうせんを 213こ ふくらませました。7こ われて しまいました。
ふうせんは 何こ のこって いますか。

しき

答え（　　　）

おうちのかたへ 3けたの数を含んだひき算を筆算でする文章題です。くり下がりに注意して計算しましょう。

べんきょうした 日　　月　　日

まとめのテスト①

時間 20分

とく点　　/100点

答え 8ページ

1 よく出る 赤い おはじきが 49こ，青い おはじきが 54こ あります。あわせて 何こ ありますか。

1つ8〔24点〕

しき

答え（　　　）

ひっ算

2 ゆうきさんは，ひまわりの たねを 104こ もって いました。妹に 18こ あげました。ひまわりの たねは，何こ のこって いますか。

1つ9〔27点〕

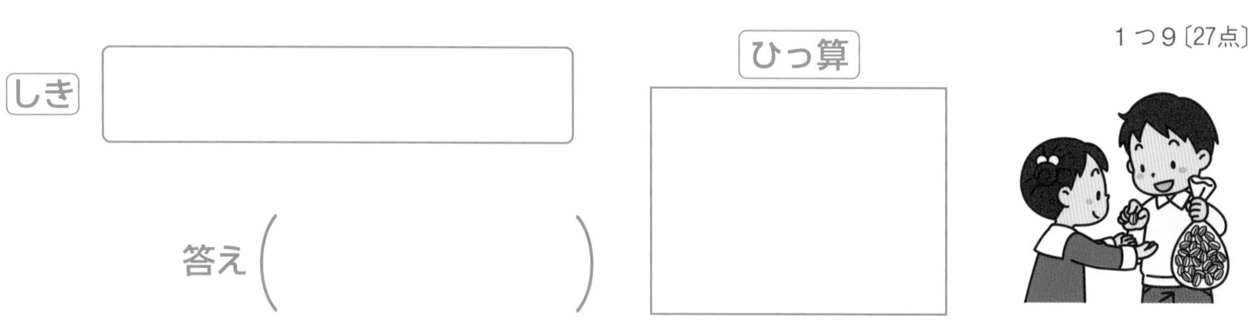

しき

答え（　　　）

ひっ算

3 あいりさんは，308円の クッキーと 57円の チョコレートを 買いました。あわせて いくらですか。

1つ9〔27点〕

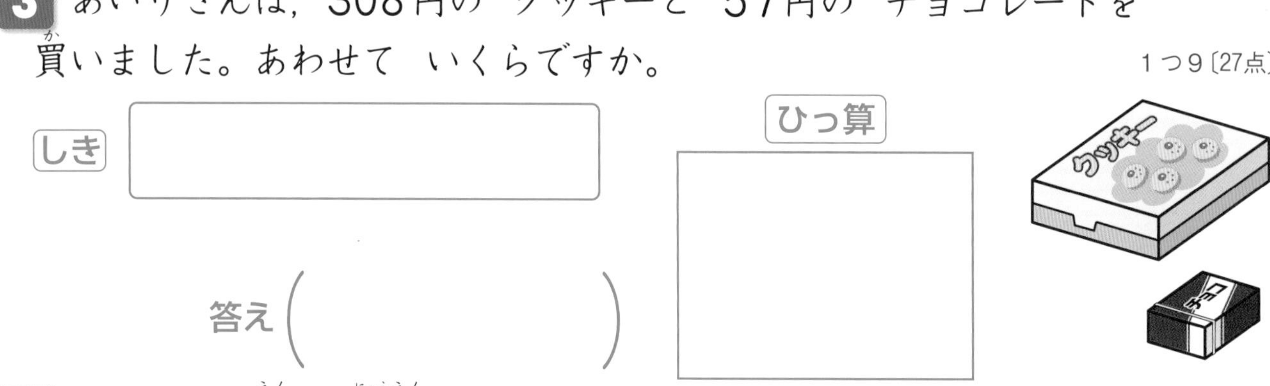

しき

答え（　　　）

ひっ算

4 しょくぶつ園の 入園しゃは 483人です。そのうち 子どもは 79人です。おとなは 何人ですか。

1つ11〔22点〕

しき

答え（　　　）

チェック

□くり上がる たし算の ひっ算の しかたが わかるかな。

□くり下がる ひき算の ひっ算の しかたが わかるかな。

まとめのテスト②

答え 8ページ

1 よく出る　はるまさんは，なわとびで　107回　とびました。弟は，はるまさんより　29回　少なく　とびました。弟は，何回　とびましたか。

1つ8〔24点〕

しき

ひっ算

答え（　　　）

2 1年生と　2年生を　あわせると　何人ですか。

1つ8〔24点〕

子どもの　数

1年生	57人
2年生	68人

しき

ひっ算

答え（　　　）

3 あわせて　何円ですか。

1つ8〔24点〕

508円　69円

しき

ひっ算

答え（　　　）

4 あきかんあつめを　しました。

1つ7〔28点〕

スチールかん　147こ

アルミかん　42こ

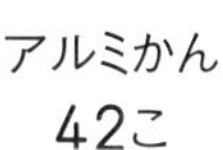

❶ あきかんは　あわせて　何こ　あつまりましたか。

しき

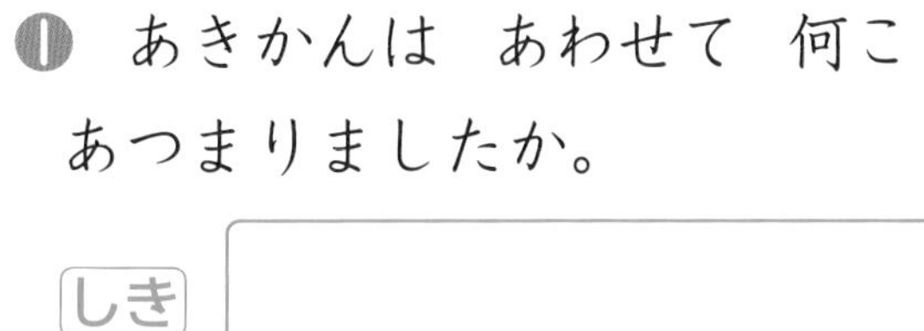

答え（　　　）

❷ スチールかんは　アルミかんより　何こ　多く　あつまりましたか。

しき

答え（　　　）

□もんだいを　読んで，しきを　書けるかな。
□くらいを　そろえて，ひっ算が　できるかな。

べんきょうした 日 月 日

① 三角形 きほんのワーク

答え 8ページ

やってみよう

☆ 三角形は どれですか。㋐～㋗から 3つ えらびましょう。

たいせつ
3本の 直線で かこまれた 形を **三角形**と いいます。

(, ,)

1 ・と ・を つないで，三角形を かきましょう。

2 三角形は どれですか。㋐～㋙から 4つ えらびましょう。

(, , ,)

3 色紙を ----で 切ると，三角形が いくつ できますか。

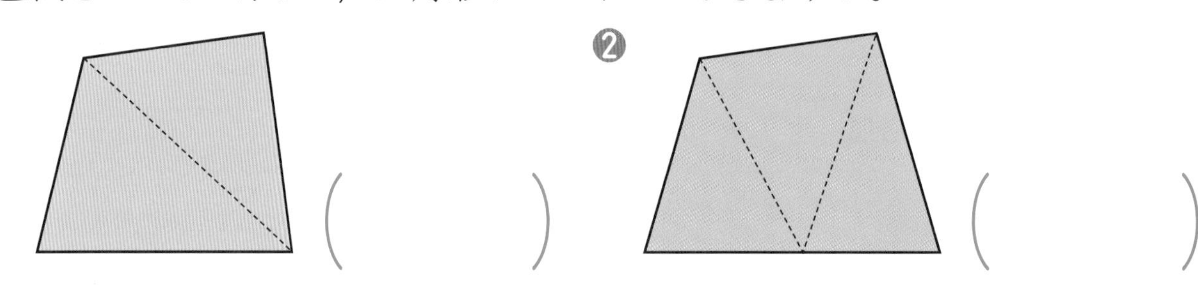

❶ (　　)　❷ (　　)

おうちのかたへ　三角形を学習します。直線と直線がつながっていないものや，曲がった線があるもの，4本以上の直線で囲まれているものは三角形ではありません。

② 四角形 きほんのワーク

答え 8ページ

☆ 四角形(しかくけい)は どれですか。㋐〜㋗から 3つ えらびましょう。

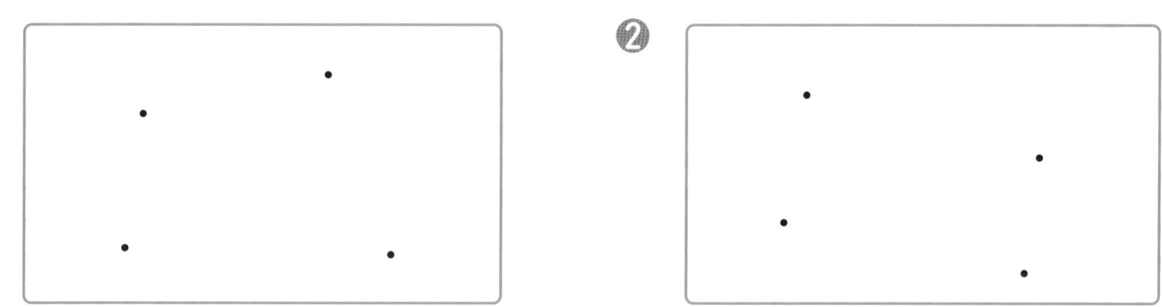

たいせつ
4本の 直線で かこまれた 形を **四角形**と いいます。

（ ， ， ）

1 ・と ・を つないで，四角形を かきましょう。

❶ ❷

2 四角形は どれですか。㋐〜㋙から 4つ えらびましょう。

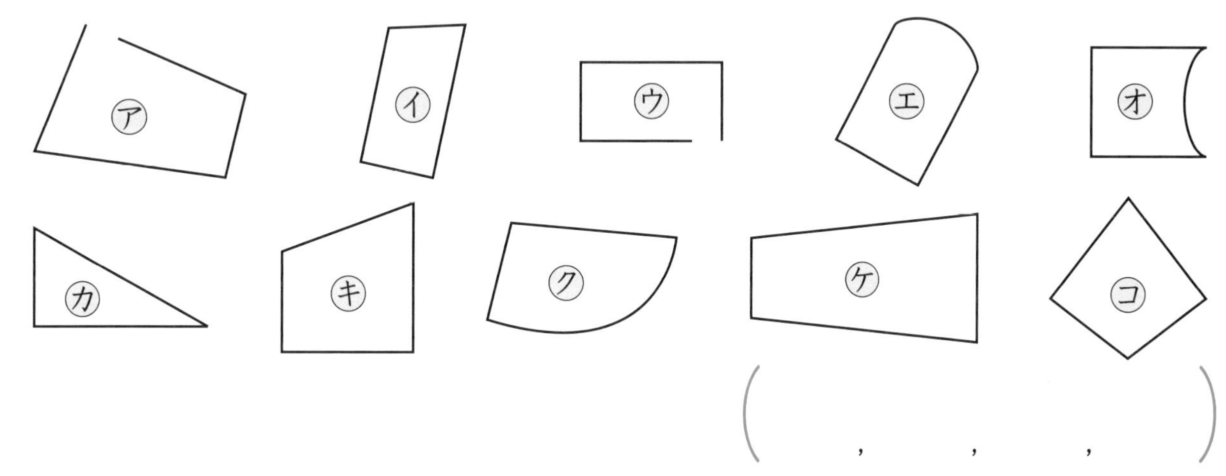

（ ， ， ， ）

3 色紙を ----で 切ると，どんな 形と どんな 形が できますか。

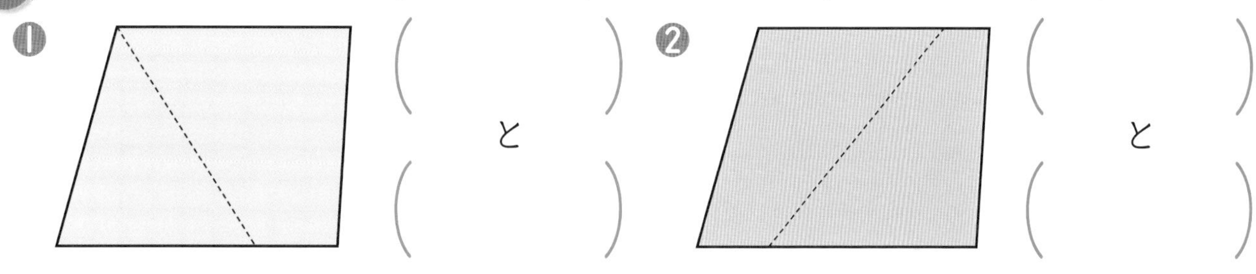

❶ （ ） と （ ）

❷ （ ） と （ ）

おうちのかたへ 線が曲がっていたり，直線だけで囲まれていなかったりするものは四角形ではありません。
❸で四角形を２つに分けて，三角形や四角形の理解を深めます。

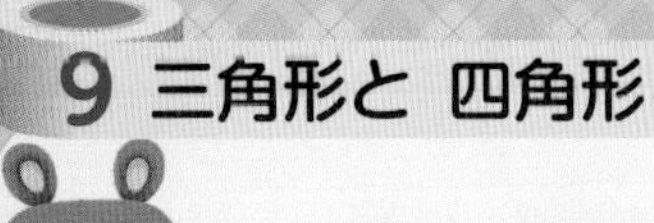

べんきょうした 日 月 日

③ 長方形と 正方形

きほんのワーク

答え 8ページ

やってみよう

☆ 右のように 紙を おって できる かどの 形を 直角と いいます。
□に あてはまる ことばを 書きましょう。

❶ 4つの かどが，みんな 直角に なって いる 四角形を □ と いいます。

❷ 4つの かどが みんな 直角で，4つの へんの 長さが みんな 同じに なって いる 四角形を □ と いいます。

たいせつ

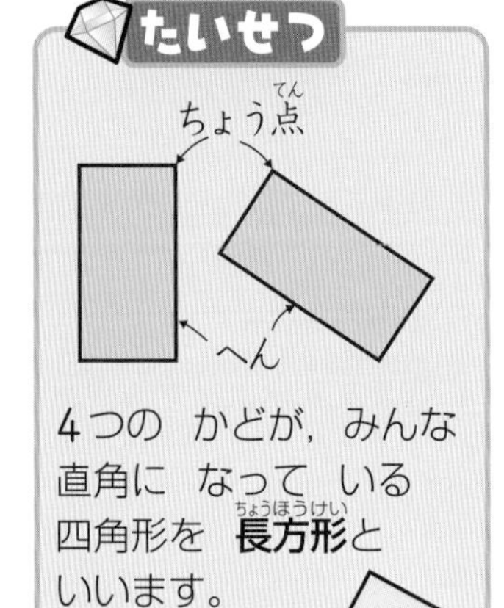

4つの かどが，みんな 直角に なって いる 四角形を **長方形**と いいます。

4つの かどが みんな 直角で，4つの へんの 長さが みんな 同じに なって いる 四角形を **正方形**と いいます。

1 つぎの 長方形を かきましょう。

❶ たて 4cm，よこ 5cm の 長方形

❷ 2つの へんの 長さが 3cm，4cm の 長方形

1cm

2 つぎの 正方形を かきましょう。

❶ 1つの へんの 長さが 2cm の 正方形

❷ 1つの へんの 長さが 3cm の 正方形

1cm

おうちのかたへ
長方形と正方形について学びます。
実際にかいてみることで，長方形や正方形の性質の理解が深まります。

④ 直角三角形
きほんのワーク

答え 9ページ

やってみよう

☆ 長方形や 正方形の 紙を，下のように 切ります。どんな 形が できますか。

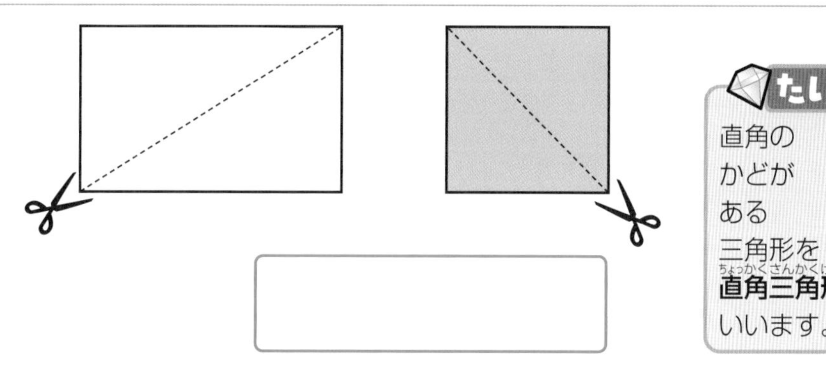

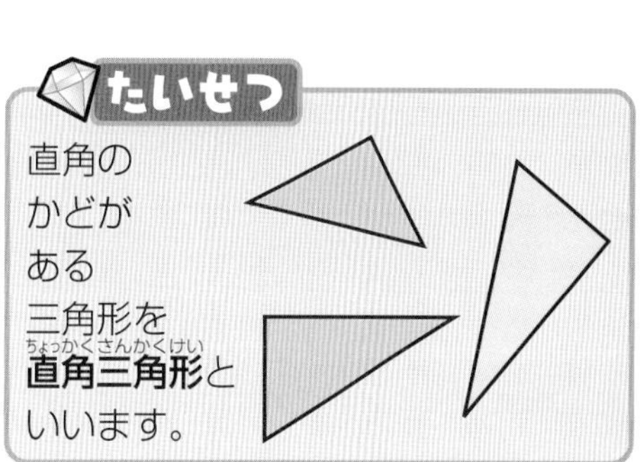

1 直角は どれと どれですか。 三角じょうぎで しらべてみよう。

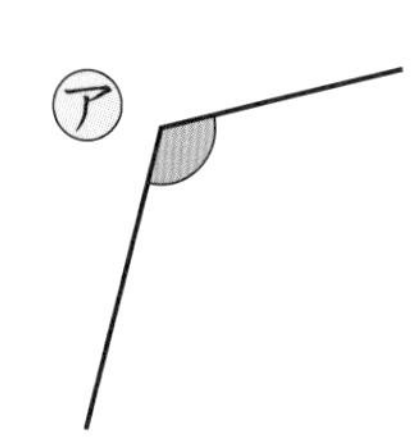

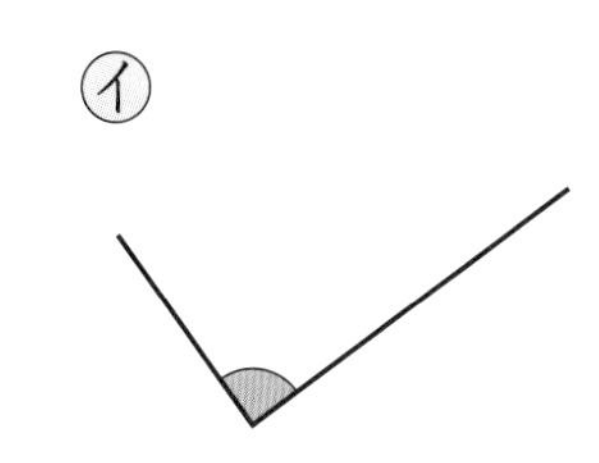

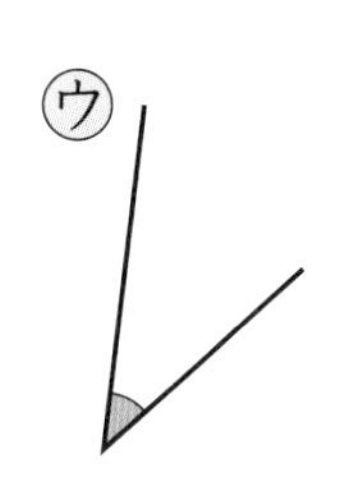

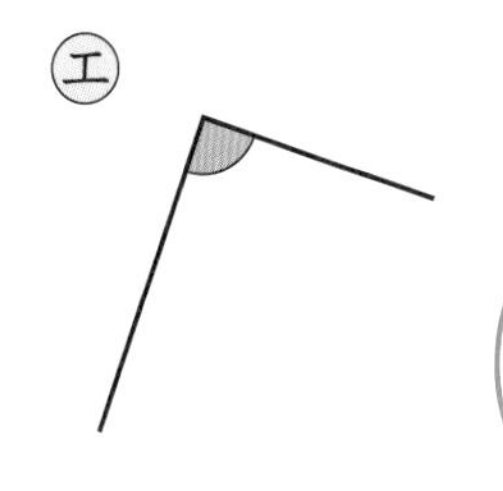

（　　と　　）

2 □に あてはまる ことばを 書きましょう。

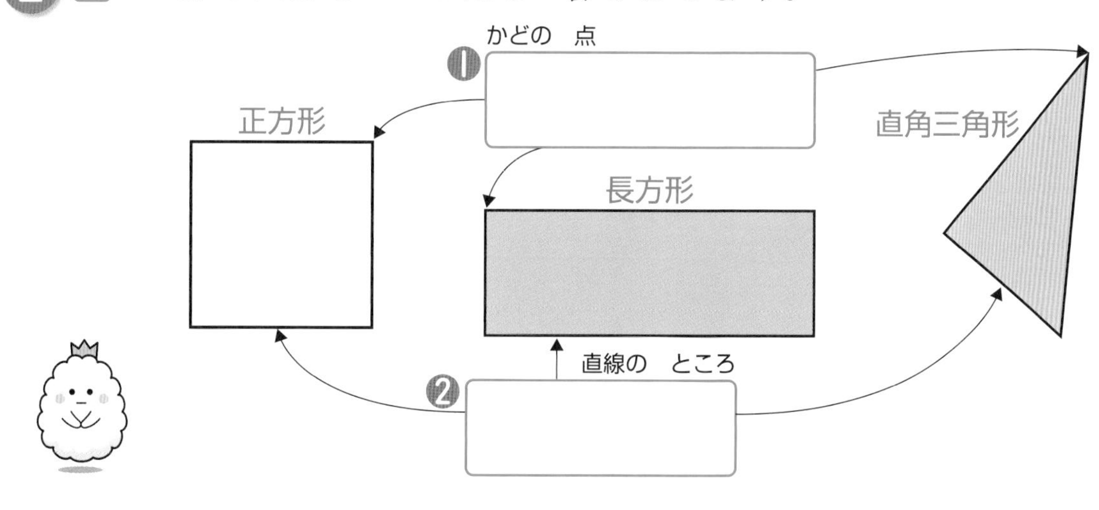

3 直角三角形は どれですか。

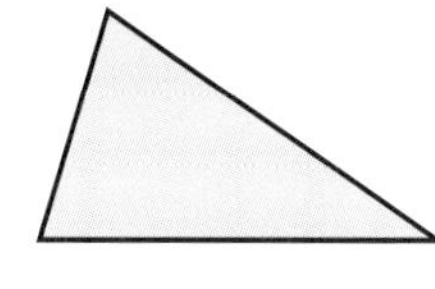

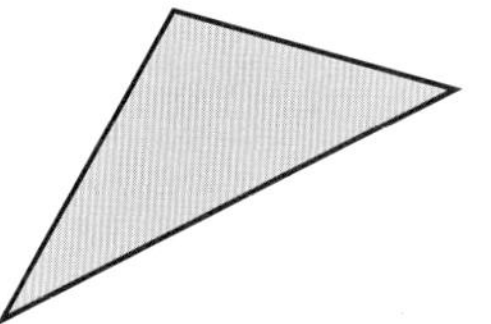

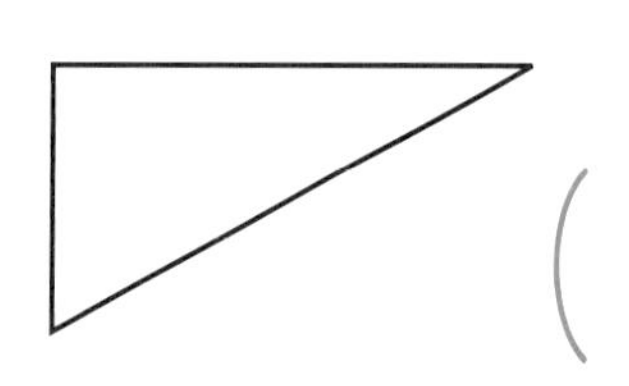

（　　）

おうちのかたへ 直角三角形について学習します。❶❸は三角定規の直角の角をあてて調べます。三角定規の１つの角は直角になっていることを確認しましょう。

べんきょうした 日 月 日

まとめのテスト①

時間 20分

とく点 /100点

答え 9ページ

1 □に あてはまる ことばを 書きましょう。 1つ8〔24点〕

❶ 4本の 直線で かこまれた 形を  と いいます。

❷ 3本の 直線で かこまれた 形を  と いいます。

❸ 直角の かどが ある 三角形を  と いいます。

2 よく出る 下の 図を 見て，あとの もんだいに ㋐～㋔で 答えましょう。 （ ）1つ9〔36点〕

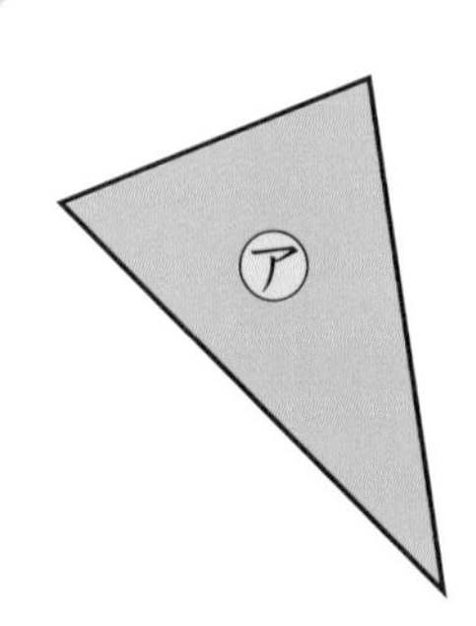

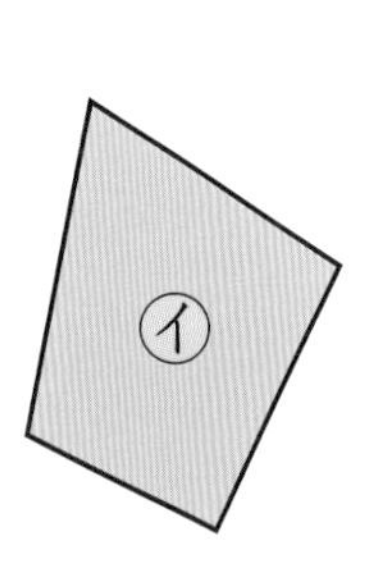

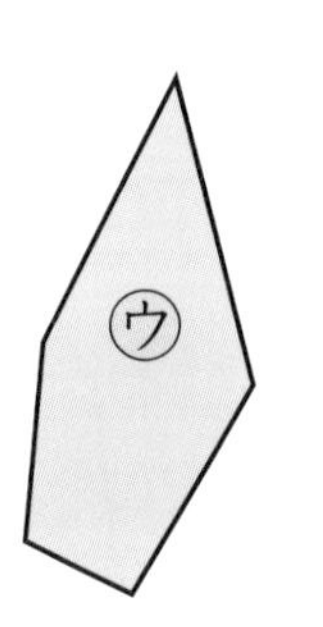

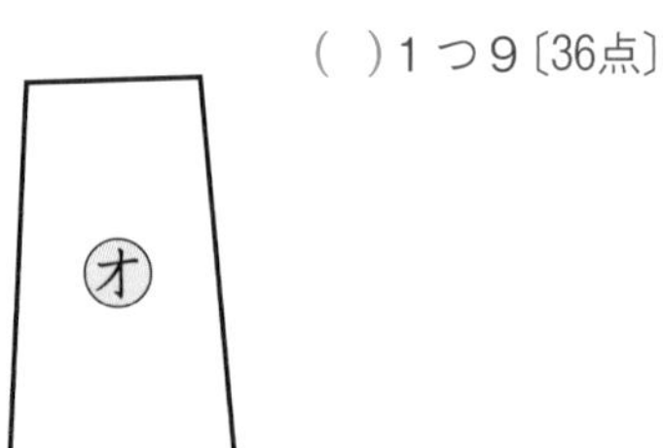

❶ 三角形は どれですか。 （　　）と（　　）

❷ 四角形は どれですか。 （　　）と（　　）

3 下のような 形の 色紙を 切って，2つの 形に 分けましょう。 1つ10〔40点〕

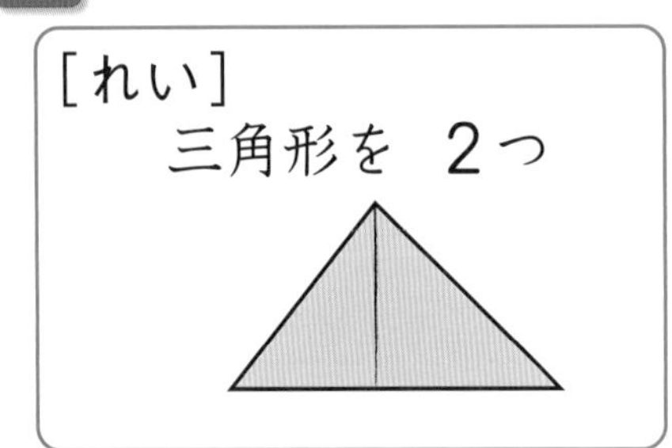

❶ 三角形を 2つ

❷ 四角形を 2つ

❸ 三角形を 1つと 四角形を 1つ

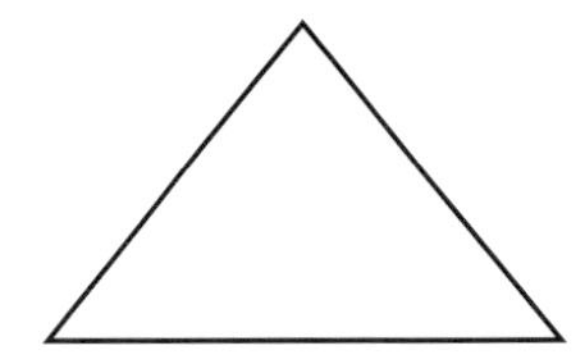

❹ 三角形を 1つと 四角形を 1つ

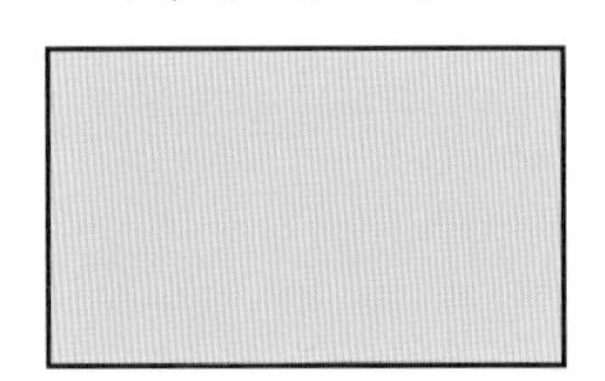

□三角形や 四角形が どんな 形か わかったかな。
□直角は どんな 形か，せつ明できるかな。

まとめのテスト②

答え 9ページ

とく点
/100点

1 よく出る 三角形や　四角形は　どれですか。　1つ10〔20点〕

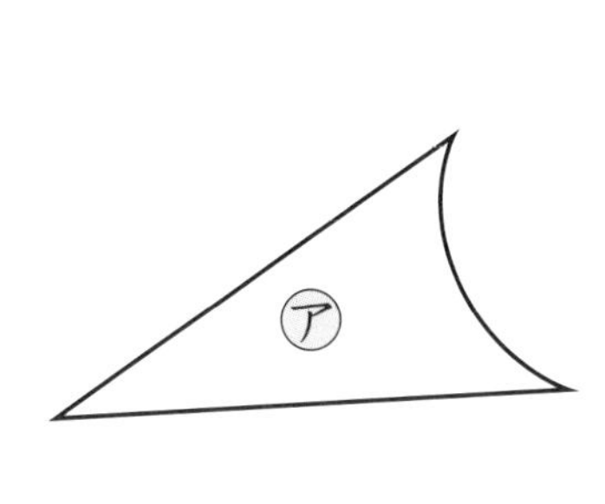

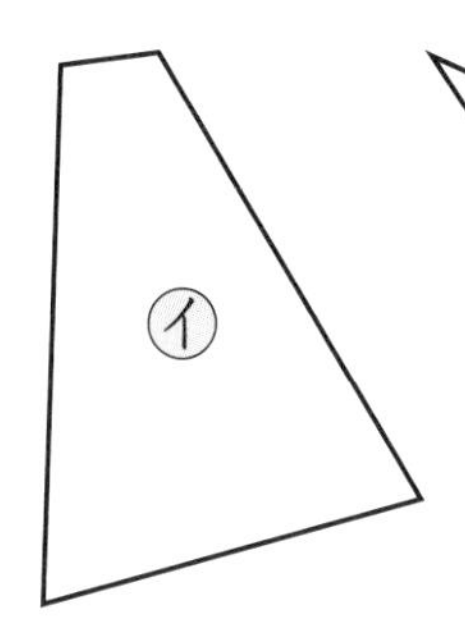

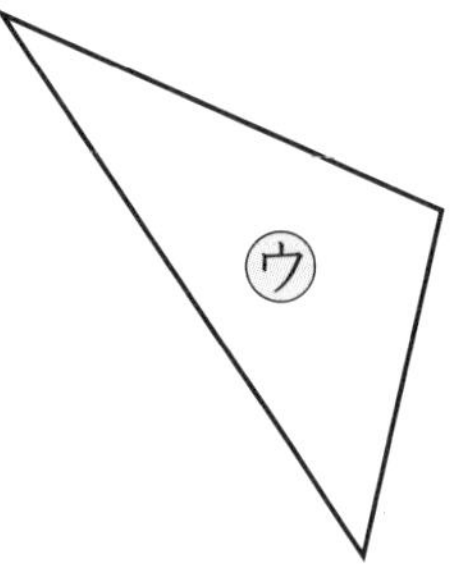

三角形（　　　）

四角形（　　　）

2 正方形は　どちらですか。　〔20点〕

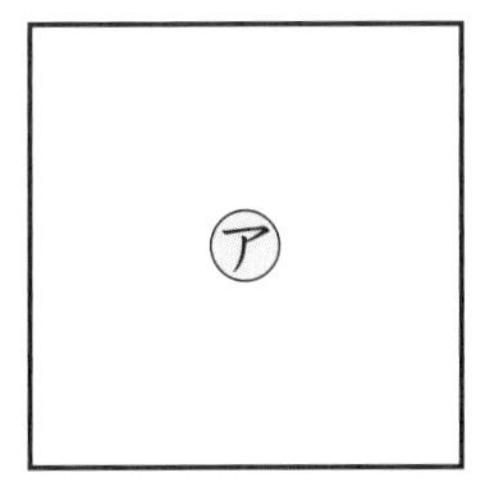

イ

（　　　）

3 直角三角形は　どれですか。　〔20点〕

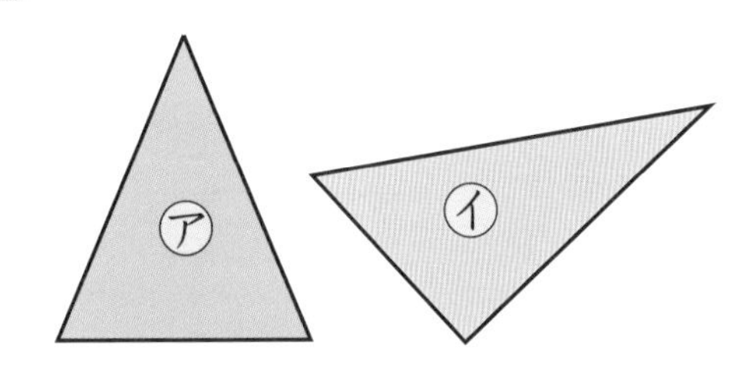

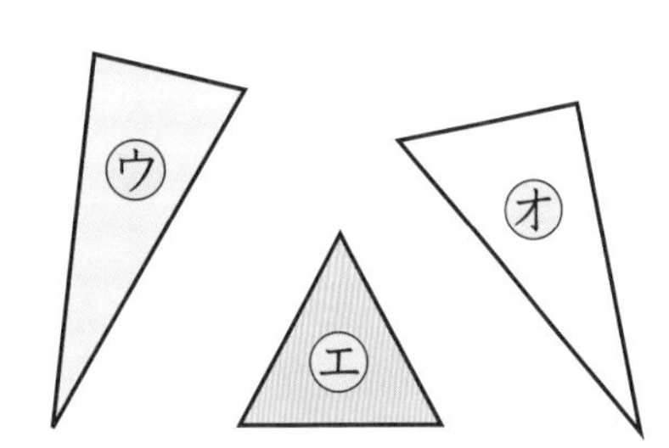

（　　と　　）

4 つぎの　長方形と　正方形を　かきましょう。　1つ20〔40点〕

❶ 2つの　へんの　長さが　3cmと　6cmの　長方形

❷ 1つの　へんの　長さが　4cmの　正方形

1cm
1cm

チェック

□長方形や　正方形が　どんな　形か　わかったかな。

□いろいろな　形を　かく　ことが　できるかな。

べんきょうした 日　月　日

① かけ算の しき
きほんのワーク

答え 9ページ

やってみよう

☆ ぜんぶで 何本(なんぼん) ありますか。

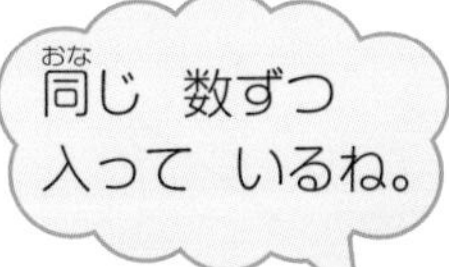

1はこに □ 本ずつ □ はこ分(ぶん)で，18本です。

しき □ × □ = □

(かける) 1つ分の 数(かず)／いくつ分／ぜんぶの 数

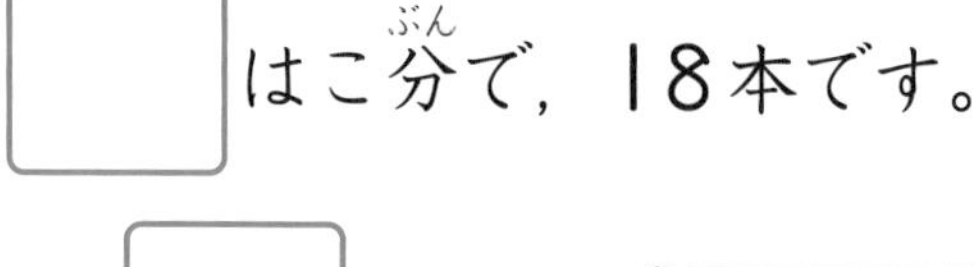

たいせつ
6×3や 2×6のような 計算(けいさん)を **かけ算**と いいます。

1 同じ 数の まとまりで もとめられる ものを さがして，かけ算の しきで 書(か)きましょう。

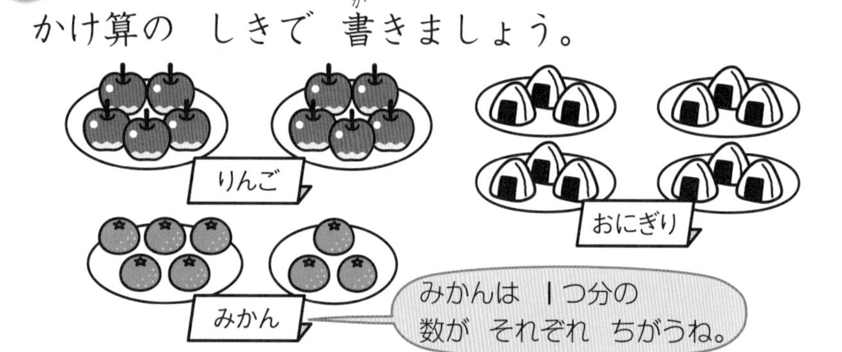

		1つ分の 数		いくつ分		ぜんぶの 数
[れい]	りんご	5	×	2	=	10
❶			×		=	
❷			×		=	
❸			×		=	

2 2×4の 答(こた)えの もとめ方(かた)を 考(かんが)えます。

2×4は，2の 4つ分の ことです。

2+□+□+□=□ だから，2×4=□

おうちのかたへ
ここからかけ算の学習が始まります。
「1つ分の数」「いくつ分」が何かを押さえてからかけ算の式に表すことに慣れましょう。

② 何ばい
きほんのワーク

答え 9ページ

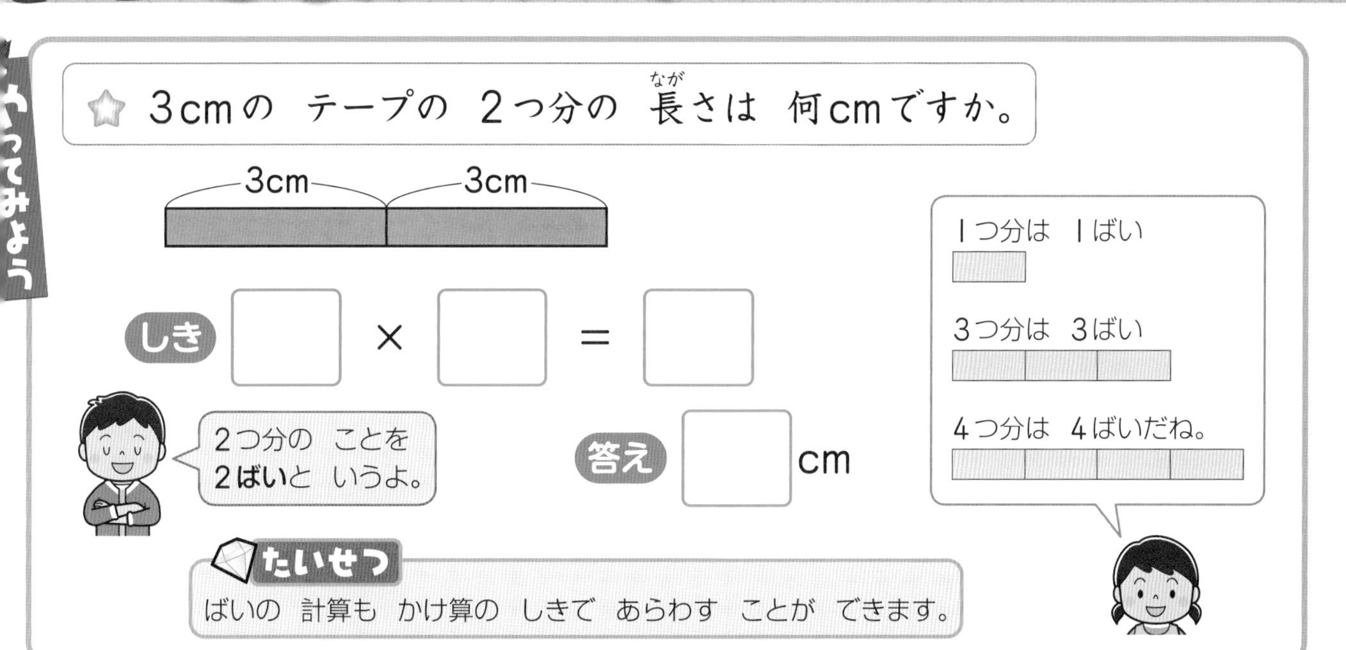

1 5cmの 4ばいの 長さは 何cmですか。

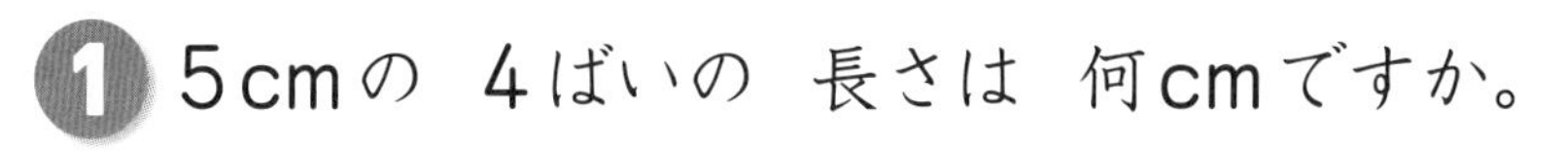

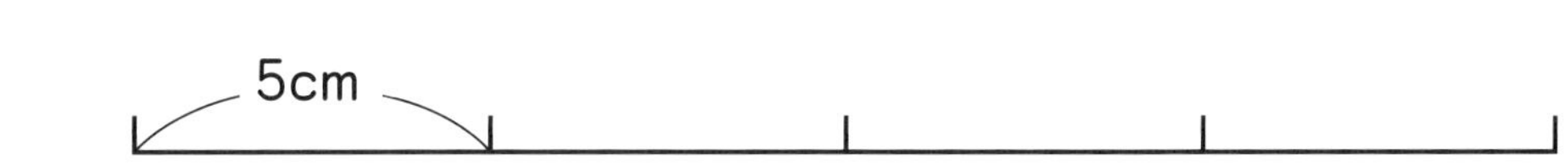

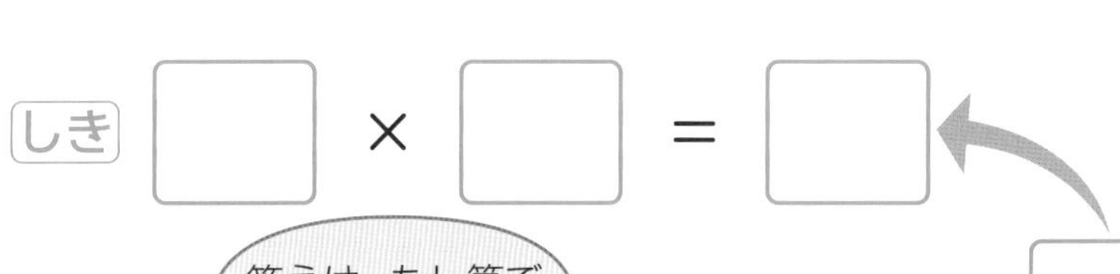

答え □ cm

2 6人の 3ばいは 何人ですか。

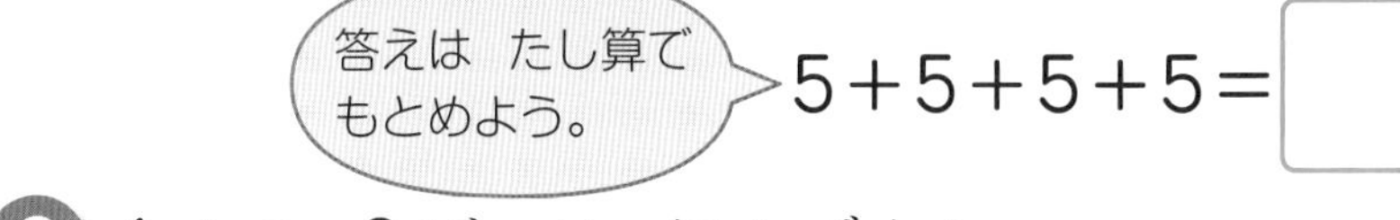

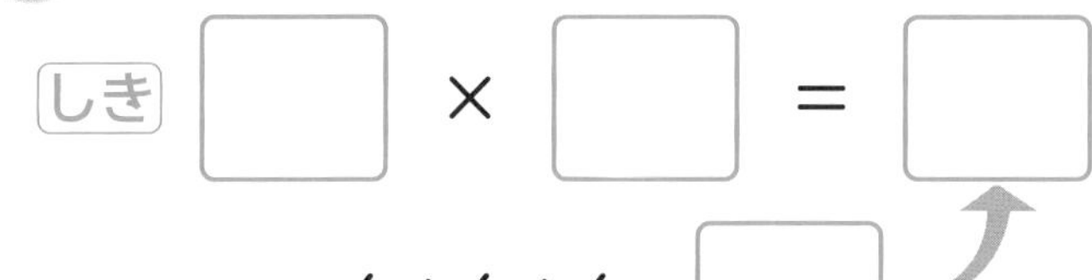

答え □ 人

3 4この 5ばいは 何こですか。

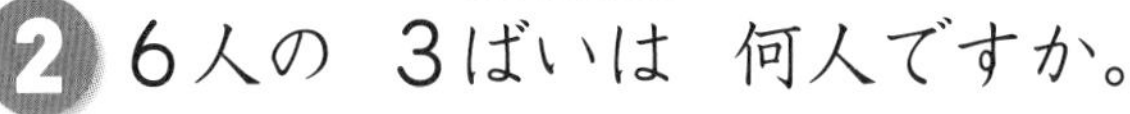

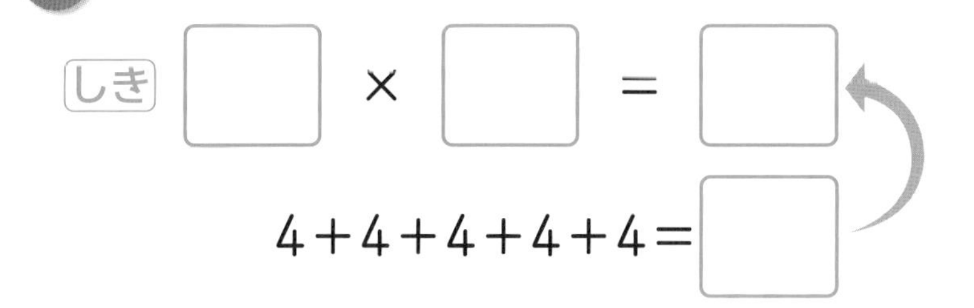

答え □ こ

おうちのかたへ
「倍」という言葉は聞いたことがあるかもしれませんが，それがかけ算の考え方であるというのは理解しづらいかもしれません。身近な物の２倍や３倍を求めてみるとよいでしょう。

べんきょうした 日　月　日

③ 5のだんの 九九
きほんのワーク
答え 9ページ

やってみよう

☆ みかんが 5こずつ 入った ふくろが 3ふくろ あります。
みかんは ぜんぶで 何(なん)こ ありますか。

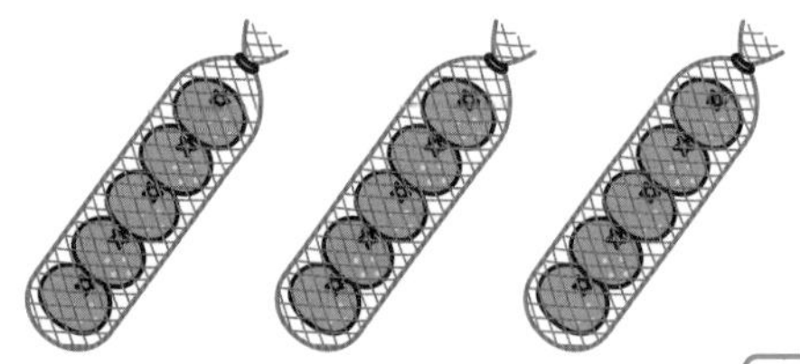

考え方
「何この いくつ分(ぶん)」かを 考(かんが)えて，かけ算(ざん)で もとめます。

1ふくろの みかんの 数(かず) □ こに， □ ふくろ分を かけます。

しき □ × □ ＝ □　答(こた)え □
1ふくろの みかんの 数　ふくろの 数　ぜんぶの みかんの 数

1 ケーキが 5こずつ 入った はこが 4はこ あります。
ケーキは ぜんぶで 何こ ありますか。

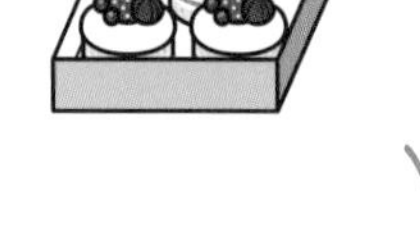

1はこの ケーキの 数 □ こに，
□ はこ分を かけます。

しき □ × □ ＝ □　答え（　　）
1はこの ケーキの 数　はこの 数　ぜんぶの ケーキの 数

2 あめが 5こずつ 入った ふくろが 6ふくろ あります。
あめは ぜんぶで 何こ ありますか。

しき □ × □ ＝ □　答え（　　）

3 7人の 子どもに，えんぴつを 5本ずつ くばります。
えんぴつは 何本 あれば よいですか。

しき □　答え（　　）

おうちのかたへ
5の段の九九を使うかけ算の文章題です。「1つ分の数×いくつ分＝全部の数」とかけ算の式で表せるようにします。❸は1つ分の数が7と5のどちらなのかに注意しましょう。

④ 2のだんの 九九

きほんのワーク

答え 10ページ

☆ ケーキが 1さらに 2こずつ のって います。ケーキが のった さらは 6さら あります。ケーキは ぜんぶで 何こ ありますか。

1さらの ケーキの 数 □こに, □さら分を かけます。

しき □ × □ = □

1さらの ケーキの 数　さらの 数　ぜんぶの ケーキの 数

答え □

考え方
ぜんぶの ケーキの 数は,
「何この 何さら分」かを
考えて, かけ算で もとめます。

1 2こ 1パックの ヨーグルトが 4パック あります。ヨーグルトは ぜんぶで 何こ ありますか。

1パックの ヨーグルトの 数 □こに,

□パック分を かけます。

しき □ × □ = □　　答え（　　）

1パックの ヨーグルトの 数　パックの 数　ぜんぶの ヨーグルトの 数

2 2cmの 7ばいは 何cmですか。

2cm

しき □ × □ = □　　答え（　　）

3 8人の 子どもに, ノートを 2さつずつ くばります。ノートは 何さつ あれば よいですか。

しき □　　答え（　　）

おうちのかたへ
2の段の九九を使うかけ算の文章題です。
❷のような「何の何倍」のときも, かけ算の式で表せるようにしましょう。

⑤ 3のだんの 九九

きほんのワーク

答え 10ページ

やってみよう

☆ プリンが 1パックに 3こずつ 入って います。
4パック あると，プリンは ぜんぶで 何こですか。

1パックの プリンの 数 □ こに，□ パック分を かけます。

しき □ × □ = □　　答え □

1パックの プリンの 数　パックの 数　ぜんぶの プリンの 数

1 1つの いすに 3人ずつ すわります。
5つの いすでは 何人 すわれますか。

1つの いすの 人数 □ 人に，
□ つ分を かけます。

しき □ × □ = □　　答え（　　）

1つの いすの 人数　いすの 数　ぜんぶの 人数

2 りんごが 3こずつ 入った ふくろが 7ふくろ あります。
りんごは ぜんぶで 何こ ありますか。

しき □ × □ = □　　答え（　　）

3 6つの さらに いちごが 3こずつ のせて あります。
いちごは ぜんぶで 何こ ありますか。

しき □　　答え（　　）

おうちのかたへ
3の段の九九を使うかけ算の文章題です。
文章題と並行して，かけ算九九もしっかり覚えましょう。

⑥ 4のだんの 九九
きほんのワーク

答え 10ページ

やってみよう

☆ おすしが 4こずつ のった さらが 5さら あります。
おすしは ぜんぶで 何こ ありますか。

1さらの おすしの 数 □ こに, □ さら分を かけます。

しき □ × □ = □ 答え □

1さらの おすしの 数　さらの 数　ぜんぶの おすしの 数

1 4人のりの 自(じ)どう車(しゃ)が 6台(だい) あります。
ぜんぶで 何人 のる ことが できますか。

1台に のる ことの できる 人数 □ 人に,
□ 台分を かけます。

しき □ × □ = □ 答え（　　）

1台に のる 人数　自どう車の 数　ぜんぶの 人数

2 4こ 1パックの なっとうが 3パック あります。
なっとうは ぜんぶで 何こ ありますか。

しき □ × □ = □ 答え（　　）

3 8つの 花びんに 4本ずつ 花が さして あります。
花は ぜんぶで 何本 ありますか。

しき □ 答え（　　）

おうちのかたへ　かけ算九九では,「いち」「し」「しち」「はち」のように似た音が入っていると間違いが多いようです。「四七28」などはその例です。正しく声に出して覚えるようにしましょう。

まとめのテスト①

時間 20分

とく点　　/100点

答え 10ページ

1 よく出る おかしが 5こずつ 入った はこが 3はこ あります。おかしは ぜんぶで 何こ ありますか。　1つ10〔20点〕

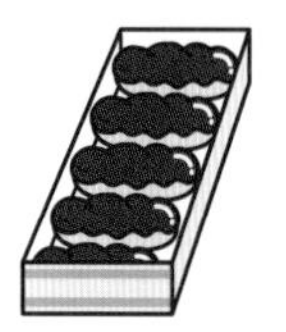

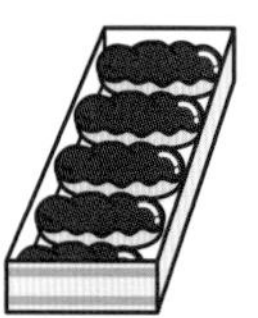

しき

答え（　　　）

2 よく出る ケーキが 1さらに 2こずつ のって います。ケーキが のった さらは 7さら あります。ケーキは ぜんぶで 何こ ありますか。　1つ10〔20点〕

しき

答え（　　　）

3 4つの かごに りんごが 3こずつ 入って います。りんごは ぜんぶで 何こ ありますか。　1つ10〔20点〕

しき

答え（　　　）

4 4cmの 6ばいは 何cmですか。　1つ10〔20点〕

しき

答え（　　　）

5 ミニカーを 1台 作るのに タイヤを 4こ つかいます。ミニカーを 3台 作るには，タイヤは ぜんぶで 何こ いりますか。　1つ10〔20点〕

しき

答え（　　　）

□何ばいの 計算を，かけ算で する ことが できるかな。
□5，2，3，4のだんの 九九を まちがえずに いえるかな。

まとめのテスト②

時間 20分

とく点　　/100点

答え 10ページ

1 長(なが)いすが 6つ あります。1つの いすに 5人ずつ すわると，ぜんぶで 何人 すわれますか。　1つ10〔20点〕

しき

答え（　　　）

2 よく出る 5つの 花びんに 花が 4本ずつ さして あります。花は ぜんぶで 何本 ありますか。　1つ10〔20点〕

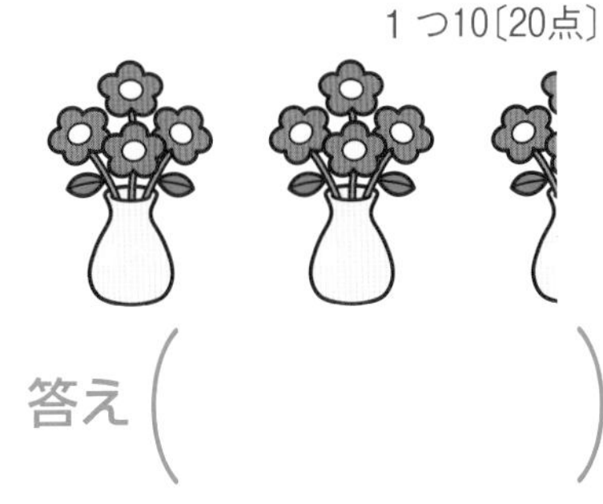

しき

答え（　　　）

3 よく出る 8人に みかんを くばります。1人に 3こずつ くばるには，みかんは ぜんぶで 何こ いりますか。　1つ10〔20点〕

しき

答え（　　　）

4 ノートを 1人に 2さつずつ くばります。9人に くばるには，ノートは 何さつ いりますか。　1つ10〔20点〕

しき

答え（　　　）

5 ゆうきさんは 計算もんだいを 1日に 5もんずつ します。7日間(かん)では，何もん することに なりますか。　1つ10〔20点〕

しき

答え（　　　）

チェック✓
- □もんだいを 読(よ)んで，かけ算の しきを 書(か)く ことが できるかな。
- □5，2，3，4のだんの 九九を ぜんぶ いえるかな。

べんきょうした 日　　月　　日

① 6のだんの 九九

きほんのワーク

答え 10ページ

やってみよう

☆ 1はこに 6こずつ 入った チーズの はこが 4はこ あります。チーズは ぜんぶで 何(なん)こ ありますか。

1はこの チーズの 数(かず) □ こに, □ はこ分(ぶん)を かけます。

しき □ × □ ＝ □　　答(こた)え □

1はこの チーズの 数　はこの 数　ぜんぶの チーズの 数

1 クッキーが 6まいずつ 入った ふくろが 5ふくろ あります。クッキーは ぜんぶで 何まい ありますか。

    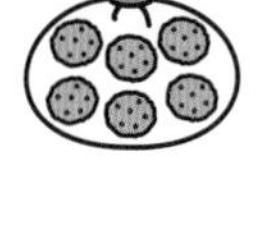

1ふくろの クッキーの 数 □ まいに, □ ふくろ分を かけます。

しき □ × □ ＝ □　　答え（　　　）

1ふくろの クッキーの 数　ふくろの 数　ぜんぶの クッキーの 数

2 6cmの 7ばいの 長(なが)さは 何cmですか。

  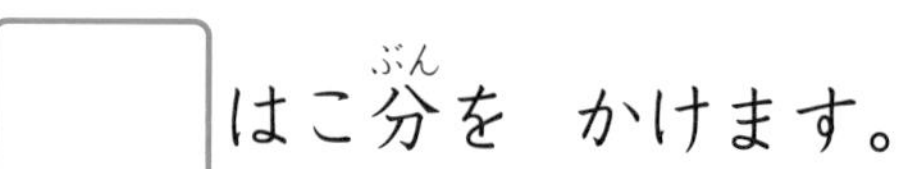    

6cm

しき □ × □ ＝ □　　答え（　　　）

3 子どもが 8人 います。1人に 6本ずつ えんぴつを くばります。えんぴつは 何本 いりますか。

しき □ × □ ＝ □　　答え（　　　）

おうちのかたへ

6の段の九九を使うかけ算の文章題です。
「1つ分の数×いくつ分」や「何の何倍」をかけ算の式で表せるようにしましょう。

② 7のだんの 九九

きほんのワーク

答え 11ページ

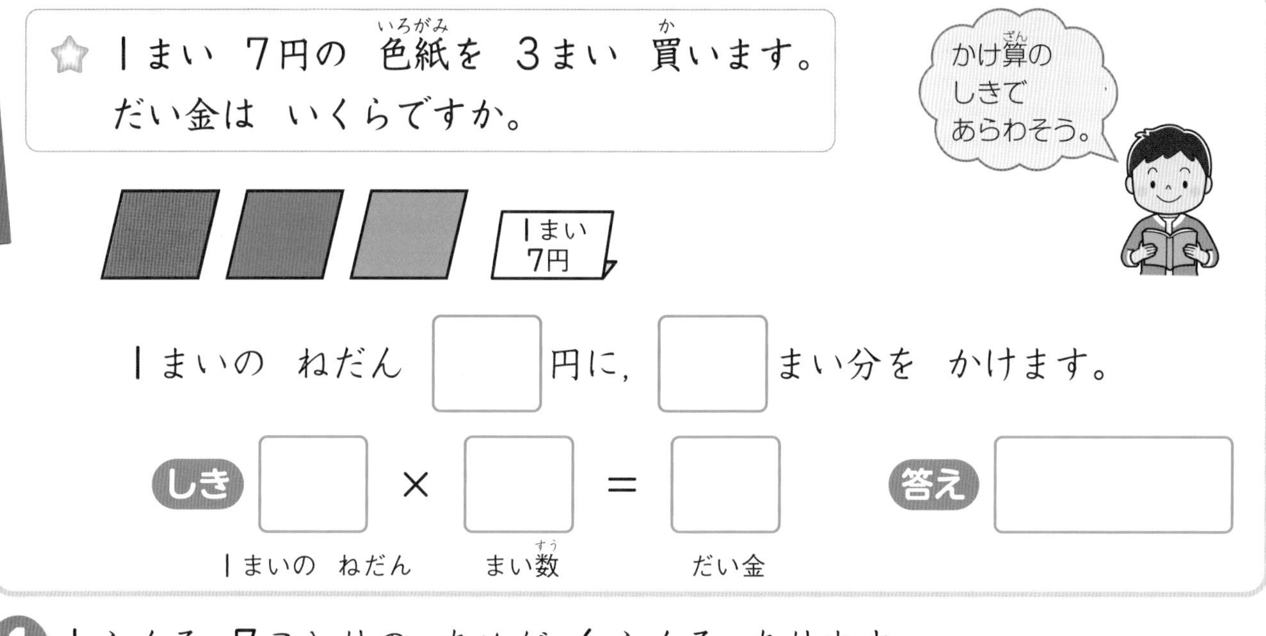

☆ |まい 7円の 色紙(いろがみ)を 3まい 買(か)います。
だい金は いくらですか。

|まいの ねだん □円に，□まい分を かけます。

しき □ × □ = □　　答え □

|まいの ねだん　まい数(すう)　だい金

1 |ふくろ 7こ入りの あめが 6ふくろ あります。
あめは ぜんぶで 何こ ありますか。

|ふくろの あめの 数 □こに，

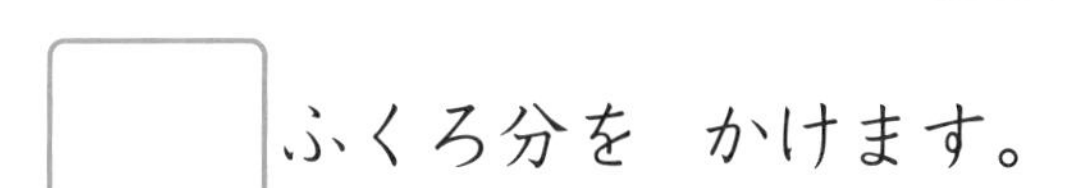

□ふくろ分を かけます。

しき □ × □ = □

|ふくろの あめの 数　ふくろの 数　ぜんぶの あめの 数

答え（　　　）

2 |週間(しゅうかん)は 7日です。2週間は 何日ですか。

しき □ × □ = □

答え（　　　）

3 めいさんの クラスで 4つの はんを つくりました。|つの はんに 7人ずつ います。めいさんの クラスの 人数(にんずう)は 何人ですか。

しき □ × □ = □

答え（　　　）

おうちのかたへ　7の段の九九を使うかけ算の文章題です。7の段は，「しち」「いち」「し」「はち」など発音が似ているので間違えやすい段です。しっかり声に出して練習しましょう。

べんきょうした 日　　月　　日

③ 8のだんの 九九

きほんのワーク

答え 11ページ

やってみよう

☆ まんじゅうが 8こずつ 入った はこが 4はこ あります。
まんじゅうは ぜんぶで 何こ ありますか。

|はこの まんじゅうの 数 □ こに，□ はこ分を かけます。

しき □ × □ = □　　答え □

|はこの まんじゅうの 数　はこの 数　ぜんぶの 数

1 せんべいが 8まいずつ 入った ふくろが 5ふくろ あります。
せんべいは ぜんぶで 何まい ありますか。

|ふくろの せんべいの 数 □ まいに，

□ ふくろ分を かけます。

しき □ × □ = □

|ふくろの せんべいの 数　ふくろの 数　ぜんぶの 数

答え（　　　）

2 |チーム 8人で ゲームを します。
6チームでは，何人に なりますか。

しき □ × □ = □

答え（　　　）

3 |まいの 画用紙から カードが 8まい できます。
7まいの 画用紙からは，カードは 何まい できますか。

しき □ × □ = □

答え（　　　）

おうちのかたへ　8の段の九九を使うかけ算の文章題です。8×6，8×7は，特に間違えやすいところです。くり返し練習しましょう。

④ 9のだんの 九九
きほんのワーク

答え 11ページ

☆ チョコレートが 9こずつ 入った はこが 5はこ あります。
チョコレートは ぜんぶで 何こ ありますか。

|はこの チョコレートの 数 □こに，□はこ分を かけます。

しき □ × □ ＝ □　答え □

|はこの チョコレートの 数　はこの 数　ぜんぶの 数

1 色紙(いろがみ)を |人に 9まいずつ，7人に くばります。
色紙は ぜんぶで 何まい いりますか。

|人の 色紙の 数 □まいに，
□人分を かけます。

しき □ × □ ＝ □

|人の 色紙の 数　人数(にんずう)　ぜんぶの 色紙の 数

答え（　　　）

2 |チーム 9人で やきゅうを します。
4チームでは，何人に なりますか。

しき □ × □ ＝ □　答え（　　　）

3 花たばが 3つ あります。|つの 花たばに 花が 9本ずつ 入って います。花は ぜんぶで 何本 ありますか。

しき □ × □ ＝ □　答え（　　　）

おうちのかたへ　9の段の九九を使うかけ算の文章題です。かけ算九九の学習も，かなり進んできました。かけ算九九の性質については，|の段の九九のあとに学習します。

⑤ 1のだんの 九九
きほんのワーク

答え 11ページ

やってみよう

☆ 1つの 花びんに 花が 1本ずつ 入って います。
花びんが 6つ あると，花は 何本(なんぼん) ありますか。

1つの 花びんの 花の 数(かず) □本に，□つ分(ぶん)を かけます。

しき □ × □ = □
1つの 花びんの 花の 数　花びんの 数　ぜんぶの 花の 数

答(こた)え □

考え方
「1この いくつ分」と
かけ算(さん)の しきに
あらわす ことが できます。

1 くしに 3こずつ だんごを さして，くしだんごを 8つ 作(つく)ります。

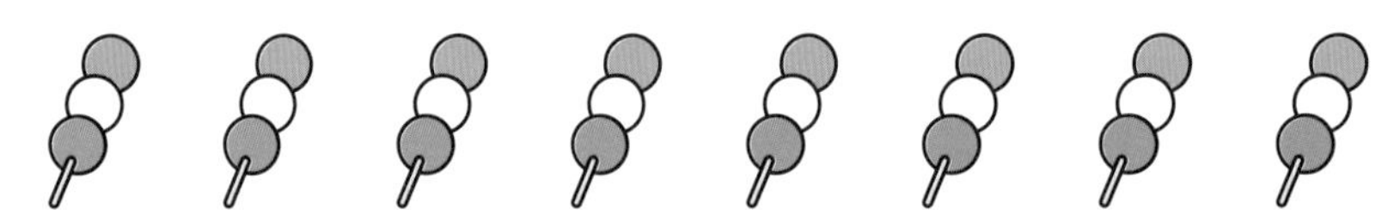

❶ だんごは ぜんぶで 何こ いりますか。

しき □ × □ = □　　答え（　　）

❷ くしは ぜんぶで 何本 いりますか。

しき □ × □ = □　　答え（　　）

2 さらさんは 1週間(しゅうかん)に 本を 1さつ 読(よ)む ことに して います。

❶ 3週間では，本を 何さつ 読みますか。

しき □　　答え（　　）

❷ 5週間では，本を 何さつ 読みますか。

しき □　　答え（　　）

おうちのかたへ
「1個のいくつ分」もかけ算の式に表せることを理解しましょう。
1の段は，かける数と答えが同じになります。

⑥ 九九の きまりと もんだい(1)

きほんのワーク

答え 11ページ

やってみよう

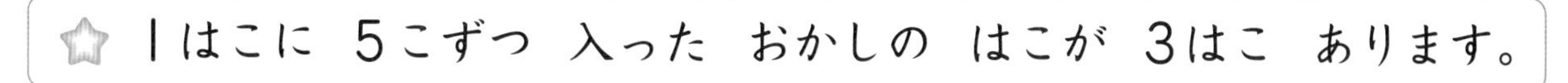

☆ 1はこに 5こずつ 入った おかしの はこが 3はこ あります。

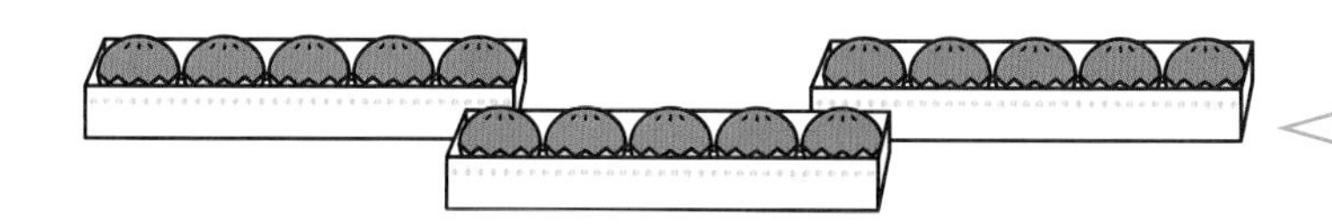

5のだんの 九九(くく)で もとめられるね。

❶ おかしは ぜんぶで 何こ ありますか。

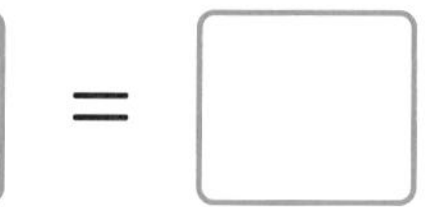

しき □ × □ = □　答え □

❷ もう 1はこ ふえると，おかしは 何こ ふえますか。

5×3=15
1 ふえる
5×4=20

? ふえる

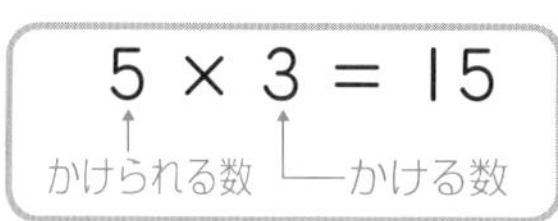

5 × 3 = 15
かけられる数　かける数

たいせつ

かけ算では，かける数が 1 ふえると，答えは かけられる数だけ ふえます。

1 1パックに 6こずつ 入った たまごが 4パック あります。

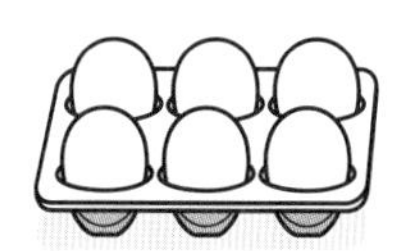
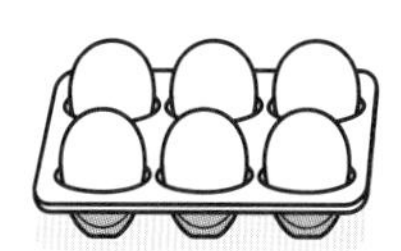
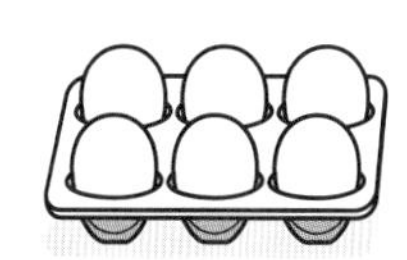
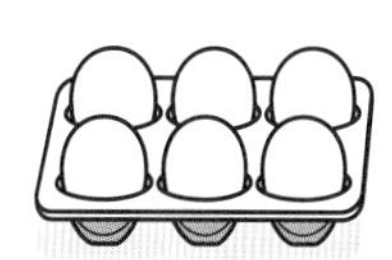

❶ たまごは ぜんぶで 何こ ありますか。

しき □ × □ = □　答え（　　　）

❷ もう 1パック ふえると，たまごは 何こ ふえますか。

6×4=24
6×5=30

? ふえる　（　　　）

2 おかしが 8こずつ 入った はこが 4はこ あります。8こ 食(た)べると，おかしは 何こ のこりますか。

食べる 前(まえ)は 32こ あるね。

しき

答え（　　　）

おうちのかたへ

かけ算では，かける数が1増えると，答えはかけられる数だけ増えます。
❷はかけ算とひき算の両方を使います。

⑦ 九九の きまりと もんだい(2)

きほんのワーク

答え 11ページ

やってみよう

☆ いちごは ぜんぶで 何こ いりますか。

❶ いちごを 1人に 3こずつ 4人に くばります。

1人に □ こずつ □ 人に くばるから，

しき □ × □ = □

答え □

❷ いちごを 3人に 4こずつ くばります。

1人に □ こずつ □ 人に くばるから，

しき □ × □ = □

答え □

3×4の 答えと，4×3の 答えは 同じだね。

1 つぎの もんだいに 答えましょう。

❶ あめが 入った ふくろが 5ふくろ あります。1ふくろに 4こずつ 入って います。あめは ぜんぶで 何こ ありますか。

しき □ × □ = □

答え（　　　）

❷ あめが 5こずつ 入って いる ふくろが 4ふくろ あります。あめは ぜんぶで 何こ ありますか。

しき □ × □ = □

答え（　　　）

2 ケーキが 入った はこが 3はこ あります。 1はこに 5こずつ 入って います。 ケーキは ぜんぶで 何こ ありますか。

しき □

答え（　　　）

おうちのかたへ　かけ算では，3×4＝4×3のように，かけられる数とかける数を入れかえても答えは同じになります。

⑧ 九九の きまりと もんだい(3)

きほんのワーク

答え 11ページ

やってみよう

☆ ●の 数を もとめる かけ算の しきを，2とおり 書きましょう。

〔●の 数は 同じです〕

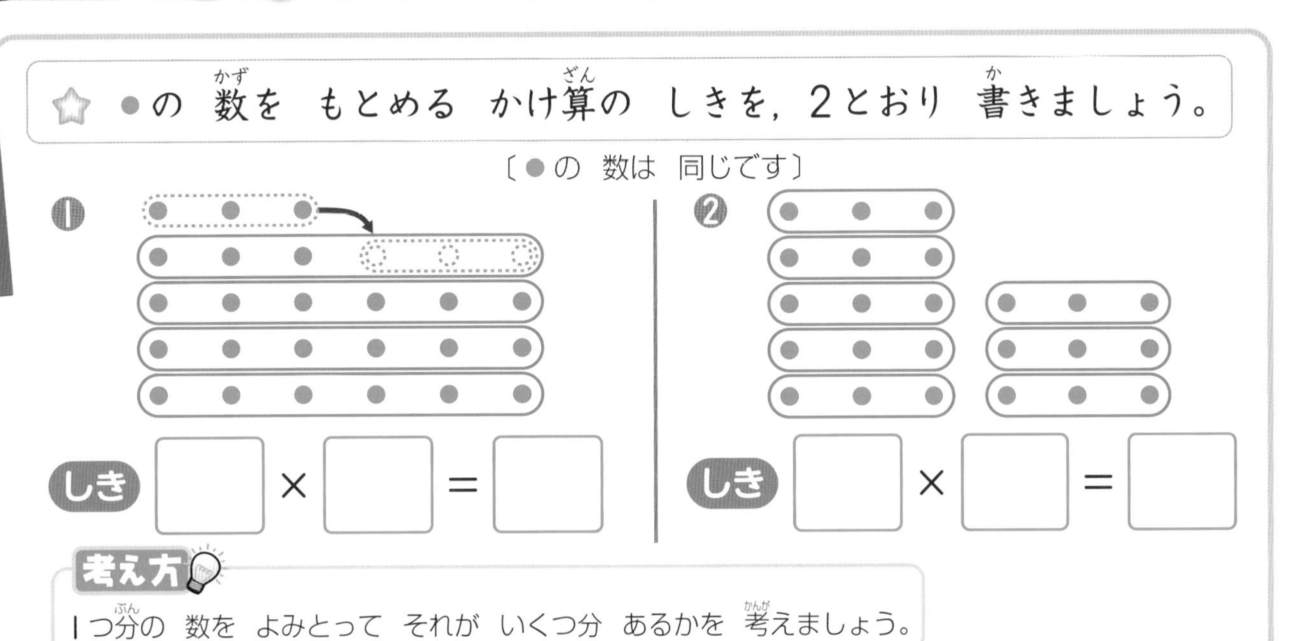

❶ しき □×□＝□

❷ しき □×□＝□

考え方 1つ分の 数を よみとって それが いくつ分 あるかを 考えましょう。

1 ●の 数を もとめる かけ算の しきを，2とおり 書きましょう。

〔●の 数は 同じです〕

❶

しき □×□＝□

❷

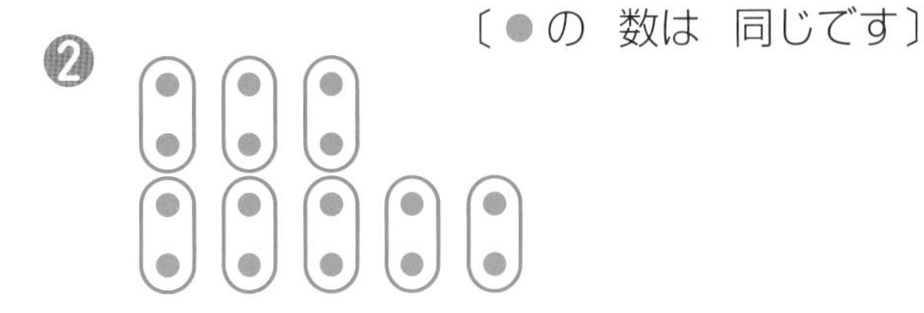

しき □×□＝□

2 かけ算の しきに あう ように，●を 線で かこみましょう。

❶ $3\times8=24$

❷ $6\times5=30$

❸ $4\times4=16$

❹ $4\times5=20$

おうちのかたへ

ある数を何種類かのかけ算の式で表したり，かけ算の式に合わせて●を囲んだりします。かけ算の理解を深めることがねらいです。

べんきょうした 日　　月　　日

まとめのテスト①

とく点

/100点

答え 12ページ

1 よく出る ひなさんは 8こ入りの キャラメルを 6はこ 買いました。キャラメルは ぜんぶで 何こ ありますか。

1つ10〔20点〕

しき

答え（　　　）

2 1週間は 7日です。4週間は 何日ですか。

1つ10〔20点〕

しき

答え（　　　）

3 6人がけの 長いすが 5つ あります。ぜんぶで 何人 すわれますか。

1つ10〔20点〕

しき

答え（　　　）

4 1まい 9円の 画用紙を 7まい 買います。ぜんぶで 何円ですか。

1つ10〔20点〕

しき

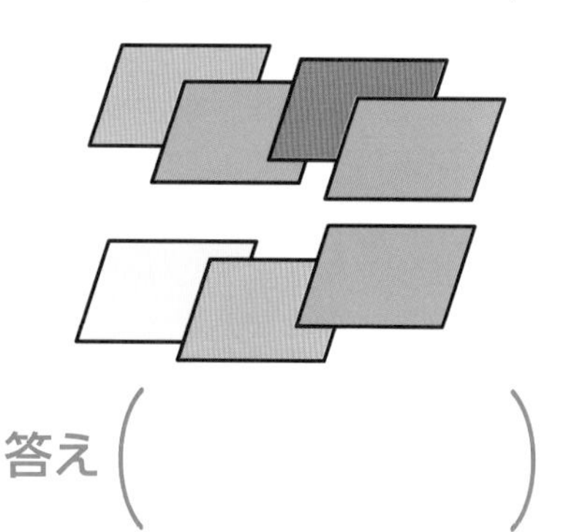

答え（　　　）

5 あいりさんは 1週間に 本を 1さつ 読みます。6週間で，本を 何さつ 読みますか。

1つ10〔20点〕

しき

答え（　　　）

□6，7，8，9，1のだんの 九九を まちがえずに いえるかな。
□かけ算の しきを 書く ことが できるかな。

まとめのテスト②

答え 12ページ

1 よく出る 長さが 6cmの 竹ひごが あります。この 竹ひごを まっすぐに 8本 ならべると，長さは 何cmに なりますか。　1つ10〔20点〕

しき

答え（　　　）

2 1まいに 9この スタンプを おせる カードが あります。カード 7まいでは，スタンプは ぜんぶで 何こ おせますか。　1つ10〔20点〕

しき

答え（　　　）

3 あきとさんの クラスで 6人ずつの れつを つくりました。6人の れつが 5つ できて，2人 あまりました。あきとさんの クラスの 人数（にんずう）は 何人ですか。　1つ15〔30点〕

しき

答え（　　　）

4 ゆいさんは 5まい入りの シールを 4ふくろ もって いました。そのうち，シールを 3まい つかいました。
つかって いない シールは 何まいですか。　1つ15〔30点〕

しき

答え（　　　）

□6，7，8，9，1のだんの 九九を ぜんぶ いえるかな。
□**3**や **4**の しきを，いくつか 考（かんが）える ことが できるかな。

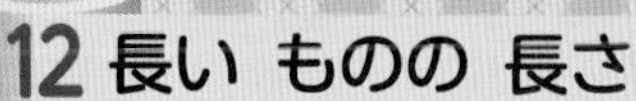

べんきょうした 日　月　日

① メートル
きほんのワーク

答え 12ページ

やってみよう

☆ テープの 長さを はかったら，30cmの ものさしで ちょうど 4つ分でした。

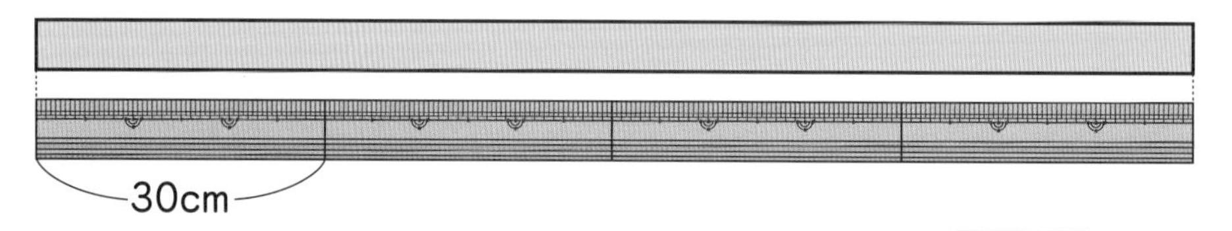

❶ 30cmの ものさしで 4つ分だから，［120］cmです。

❷ 1m＝100cmだから，120cm＝［　］m［　］cmです。

たいせつ
長い ものの 長さを あらわす ときは，メートル(m)を つかいます。1m＝100cmです。
1mと 20cmを あわせた 長さは 1m20cmです。1m20cm＝120cm

1 テープの 長さを はかりました。

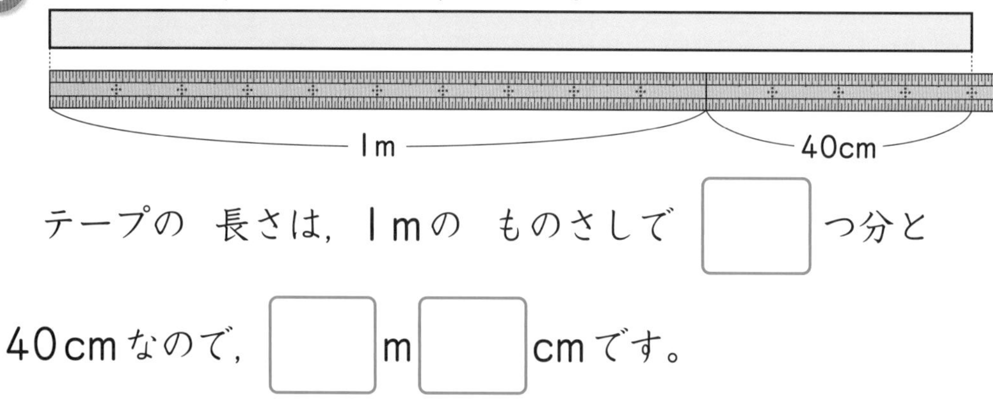

テープの 長さは，1mの ものさしで［　］つ分と 40cmなので，［　］m［　］cmです。

2 こはるさんの せの 高さを はかったら，1mの ものさしで 1つ分と 15cmでした。

❶ こはるさんの せの 高さは 何m何cmですか。

（　　　　）

❷ こはるさんの せの 高さは 何cmですか。

（　　　　）

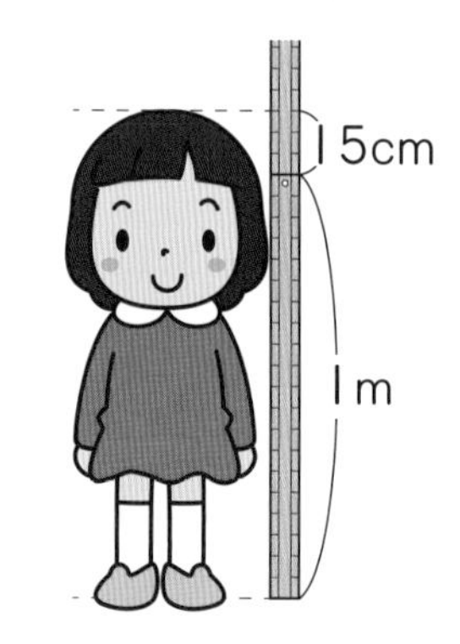

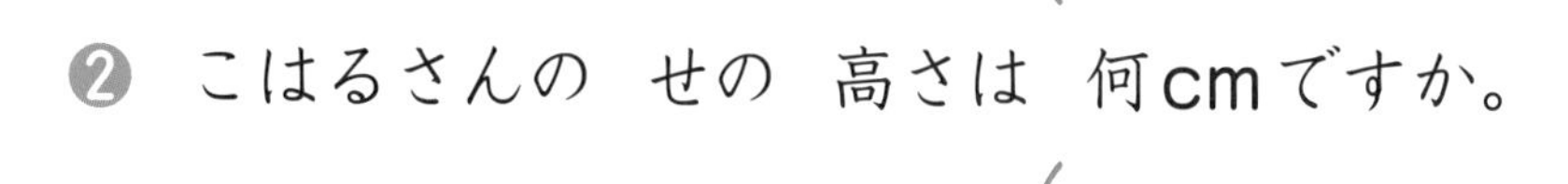

おうちのかたへ
長い長さの単位として，メートルを学習します。長さのたし算やひき算は同じ単位の数どうしで行うことを徹底しましょう。

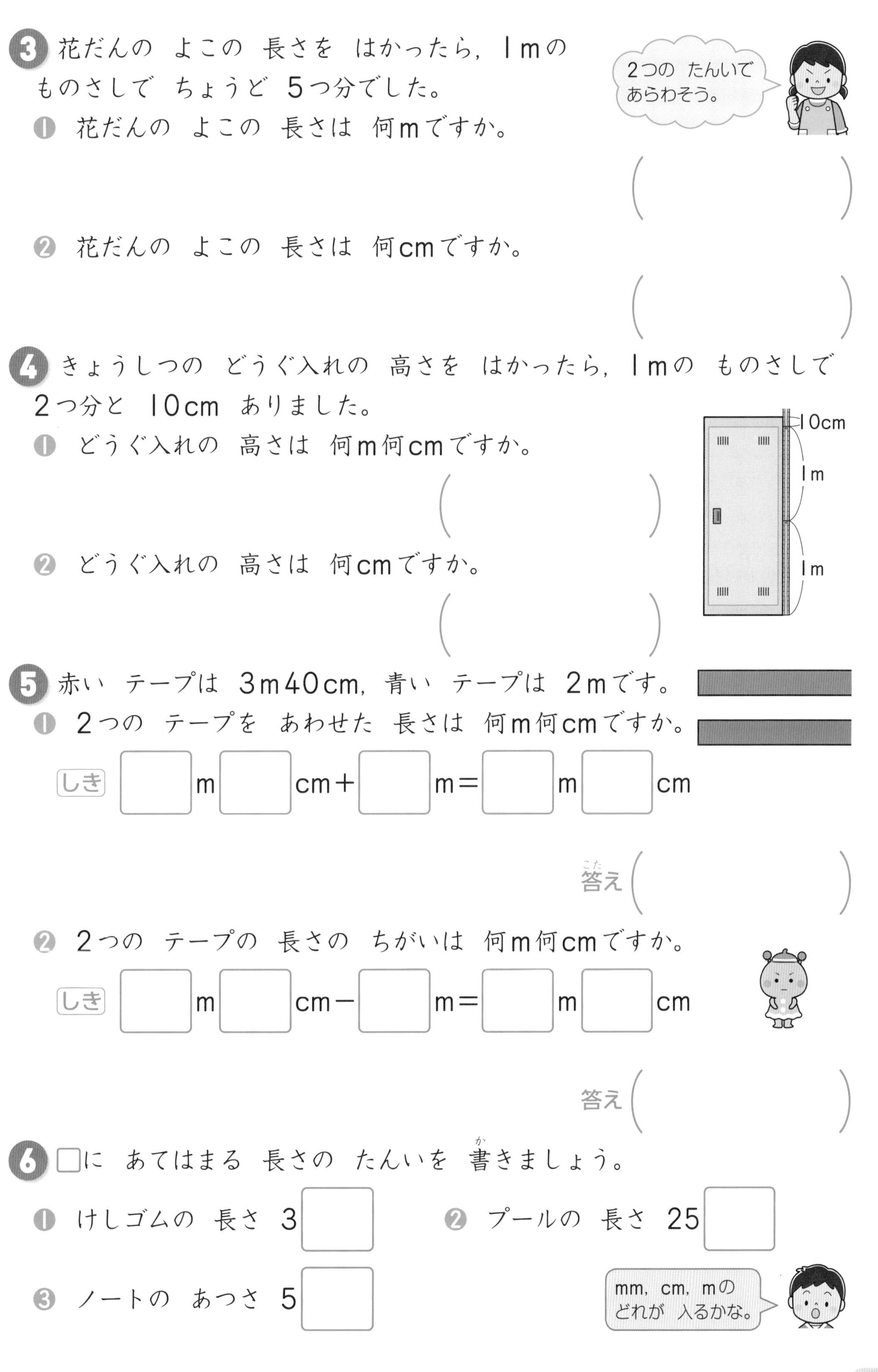

3 花だんの　よこの　長さを　はかったら，１ｍの　ものさしで　ちょうど　５つ分でした。

❶ 花だんの　よこの　長さは　何ｍですか。

（　　　　　　）

❷ 花だんの　よこの　長さは　何cmですか。

（　　　　　　）

4 きょうしつの　どうぐ入れの　高さを　はかったら，１ｍの　ものさしで　２つ分と　10cm　ありました。

❶ どうぐ入れの　高さは　何ｍ何cmですか。

（　　　　　　）

❷ どうぐ入れの　高さは　何cmですか。

（　　　　　　）

5 赤い　テープは　３ｍ40cm，青い　テープは　２ｍです。

❶ ２つの　テープを　あわせた　長さは　何ｍ何cmですか。

しき　□ｍ□cm＋□ｍ＝□ｍ□cm

答え（　　　　　　）

❷ ２つの　テープの　長さの　ちがいは　何ｍ何cmですか。

しき　□ｍ□cm－□ｍ＝□ｍ□cm

答え（　　　　　　）

6 □に　あてはまる　長さの　たんいを　書きましょう。

❶ けしゴムの　長さ　３□　　❷ プールの　長さ　25□

❸ ノートの　あつさ　５□

べんきょうした 日　月　日

まとめのテスト①

答え 12ページ

時間 20分

とく点　/100点

1 よく出る みずきさんが りょう手を 広(ひろ)げた 長(なが)さは，30cmの ものさしで 4つ分(ぶん)と 10cmでした。　1つ20〔40点〕

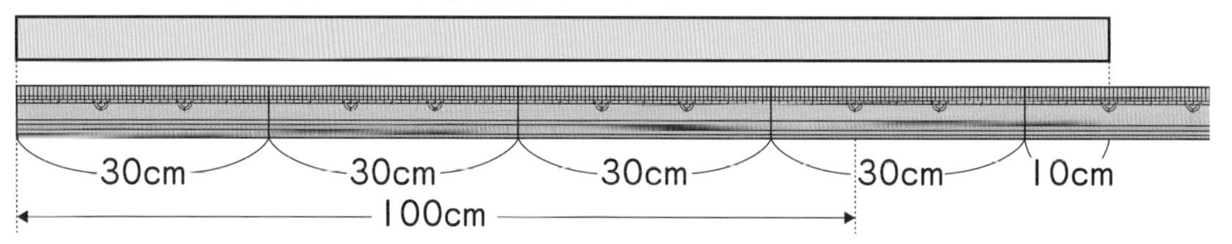

❶ みずきさんが りょう手を 広げた 長さは 何(なん)cmですか。

(　　　　)

❷ みずきさんが りょう手を 広げた 長さは 何m何cmですか。

(　　　　)

2 そうたさんの しん長(ちょう)は 1m24cmです。　1つ20〔40点〕

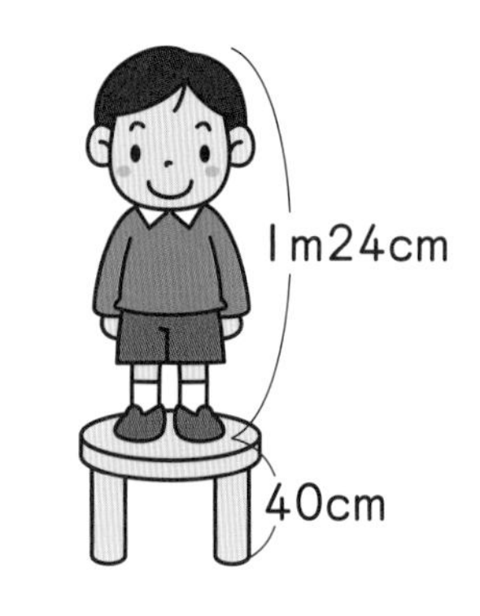

❶ そうたさんが 40cmの 台(だい)に のると，高(たか)さは 何m何cmに なりますか。

(　　　　)

❷ 弟(おとうと)の しん長は 1m10cmです。
そうたさんと 弟の しん長の ちがいは 何cmですか。

(　　　　)

3 よこの 長さが 80cmと 50cmの 2つの 本だなが あります。よこの 長さを あわせると 何m何cmに なりますか。　〔20点〕

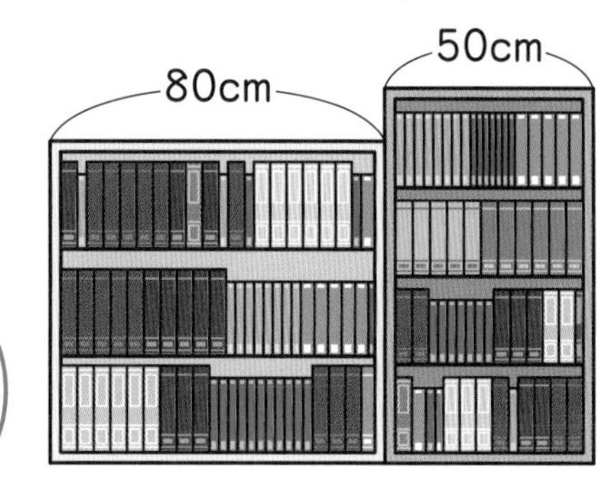

(　　　　)

□mや cmで，長さを あらわす ことが できるかな。
□長さを くらべる ことが できるかな。

まとめのテスト②

答え 12ページ

1 ろうかの　はばを　はかったら，1mの　ものさしで　2つ分と　70cm　ありました。　1つ16〔32点〕

❶ ろうかの　はばは　何m何cmですか。

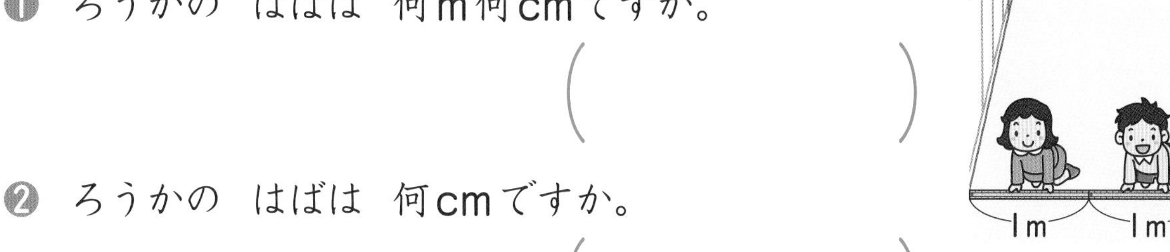

❷ ろうかの　はばは　何cmですか。

（　　　　　）

2 よく出る　1m20cmの　リボンと，70cmの　リボンが　あります。2つの　リボンを　あわせた　長さは　何m何cmですか。　〔17点〕

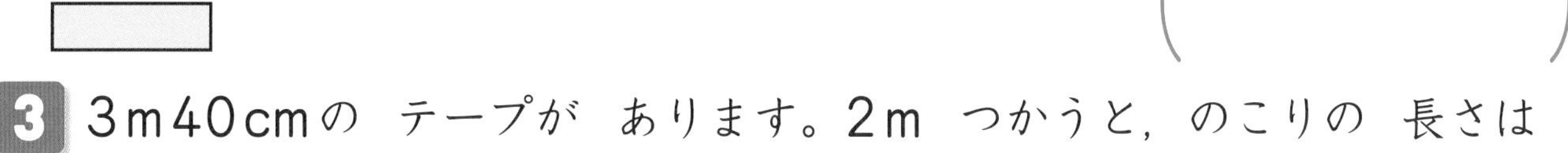

3 3m40cmの　テープが　あります。2m　つかうと，のこりの　長さは　何m何cmに　なりますか。　〔17点〕

4 花びんを　台に　のせて　高さを　はかったら，ちょうど　1mでした。花びんの　高さは　25cmです。台の　高さは　何cmですか。　〔17点〕

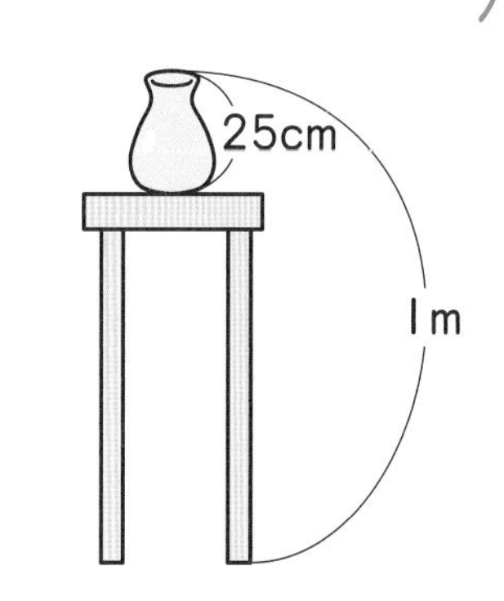

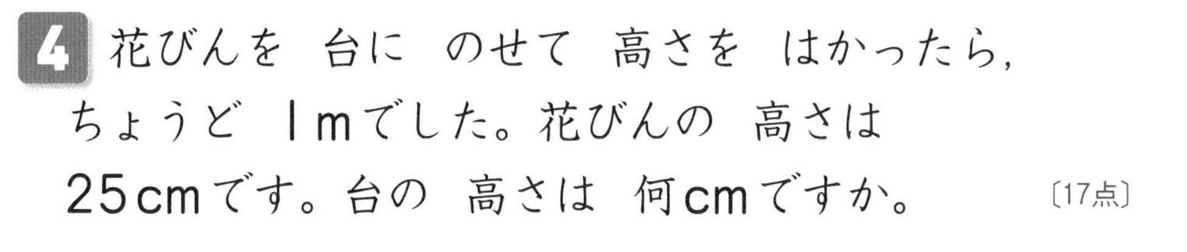

5 高さが　1m40cmと　1m70cmの　本だなが　あります。高さの　ちがいは　何cmですか。　〔17点〕

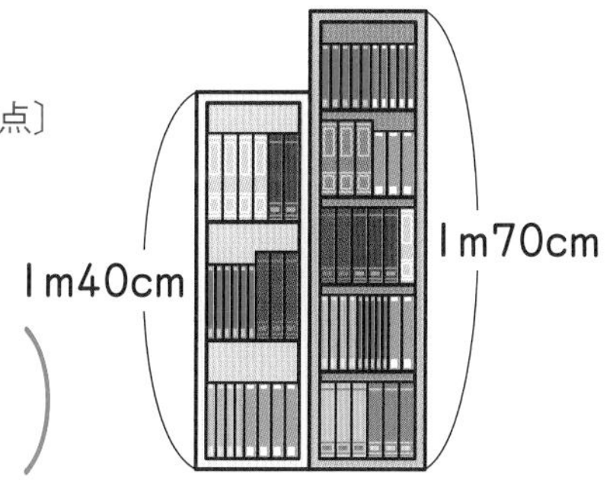

（　　　　　）

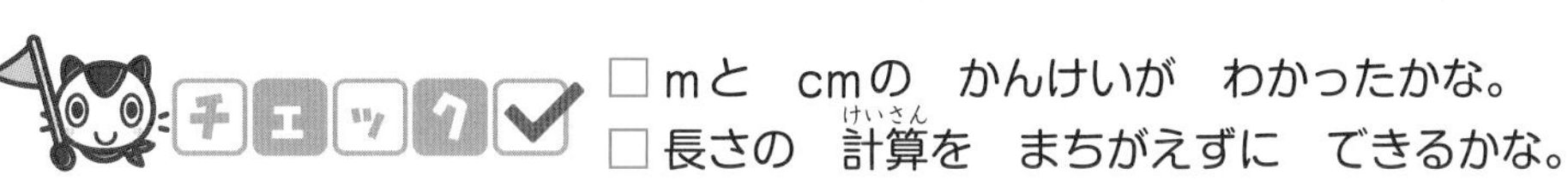

べんきょうした 日　月　日

① 数の あらわし方(1)

きほんのワーク

答え 13ページ

やってみよう

☆ 2765に ついて 答えましょう。

❶ 読み方を かん字で 書きましょう。

❷ 千のくらいの 数字は 何ですか。

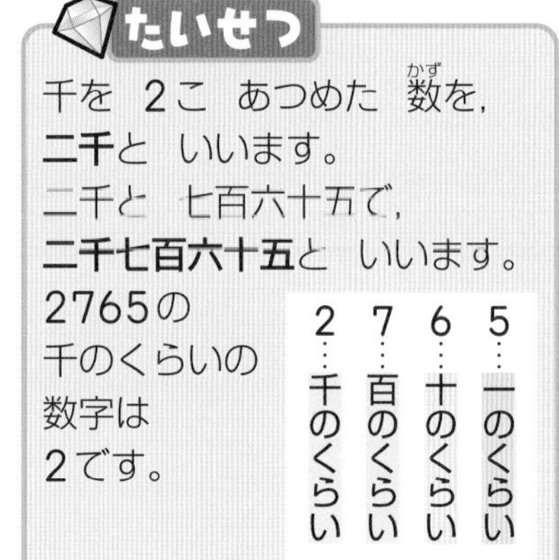

1 7308に ついて 答えましょう。

❶ 千のくらいの 数字は 何ですか。（　　）

❷ 十のくらいの 数字は 何ですか。（　　）

❸ 3は 何のくらいの 数字ですか。（　　）

❹ 8は 何のくらいの 数字ですか。（　　）

2 読み方を かん字で 書きましょう。

❶ 2351（　　）

❷ 1687（　　）

❸ 5068（　　）

❹ 9004（　　）

3 数字で 書きましょう。

❶ 三千五百六十九（　　）

❷ 七千八百（　　）

千のくらい	百のくらい	十のくらい	一のくらい
七千	八百		
7	8	?	?

七千八百を78や780と書いたり，5068を漢字で書くときに五千の次に何を書くのか迷うことが多くあります。

② 数の あらわし方(2)
きほんのワーク

答え 13ページ

やってみよう

☆ □に あてはまる 数を 書きましょう。

❶ 1000を 4こ, 100を 7こ, 10を 2こ, 1を 3こ あわせた 数は □ です。

❷ 1000を 7こ, 10を 6こ, 1を 2こ あわせた 数は □ です。

たいせつ

3706は, 1000を 3こ, 100を 7こ, 1を 6こ あわせた 数です。

1000	100	100	1	1
1000	100	100	1	
1000	100		1	
	100		1	
	100		1	

1 つぎの 数は いくつですか。

❶ 1000を 3こ, 100を 7こ, 10を 4こ, 1を 6こ あわせた 数

( )

❷ 1000を 6こ, 10を 3こ, 1を 8こ あわせた 数

( )

❸ 1000を 8こ, 100を 4こ, 1を 6こ あわせた 数

( )

2 □に あてはまる 数を 書きましょう。

❶ 4718は, 1000を □ こ, 100を □ こ, 10を □ こ

1を □ こ あわせた 数です。

❷ 6409は, 1000を □ こ, 100を □ こ,

1を □ こ あわせた 数です。

10は 0こだね。

おうちのかたへ 4けたの数を❶のように合わせて考えたり, ❷のように分けて考えたりすることによって, 数の構成の理解を深めます。

べんきょうした 日　月　日

③ 100を あつめた 数
きほんのワーク

答え 13ページ

やってみよう

☆ □に あてはまる 数を 書きましょう。

❶ 100を 13こ あつめた 数は □ です。

❷ 100を 49こ あつめた 数は □ です。

❸ 2500は 100を □ こ あつめた 数です。

考え方

100が 10こで 1000 ＞ あわせて
100が 3こで 300 ＞ 1300

1 つぎの 数を 書きましょう。

❶ 100を 12こ あつめた 数　（　　）

❷ 100を 29こ あつめた 数　（　　）

❸ 100を 54こ あつめた 数　（　　）

❹ 100を 60こ あつめた 数　（　　）

2 □に あてはまる 数を 書きましょう。

❶ 1700は 100を □ こ あつめた 数です。

❷ 3600は 100を □ こ あつめた 数です。

❸ 4300は 100を □ こ あつめた 数です。

❹ 8000は 100を □ こ あつめた 数です。

おうちのかたへ　数のしくみを100のまとまりで考えます。1700を100のまとまりで17こと考えると，何百の計算をしやすくなります。

④ 一万と 数の線
きほんのワーク

答え 13ページ

☆ □に あてはまる 数を 書きましょう。

❶ 1000を 10こ あつめた 数は □ です。

❷ 10000より 1 小さい 数は □ です。

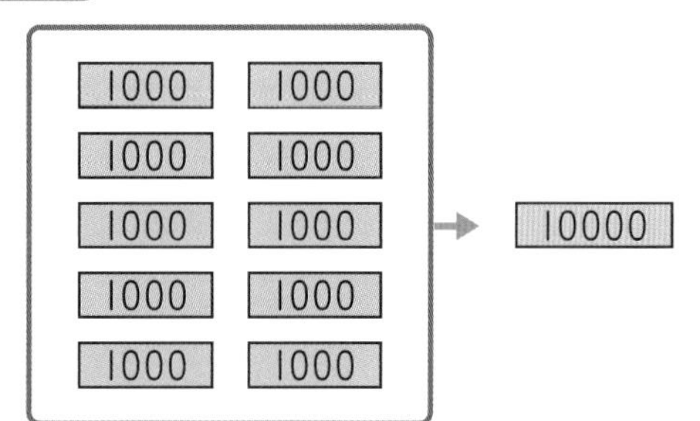

たいせつ
千を 10こ あつめた 数を 一万（いちまん）と いい，10000と 書きます。

1 つぎの もんだいに 答え（こた）ましょう。

❶ 7000は，あと いくつで 10000に なりますか。（　　　）

❷ 10000より，1000 小さい 数は いくつですか。（　　　）

❸ 10000は，100を 何（なん）こ あつめた 数ですか。（　　　）

2 下の 数の線（せん）を 見て 答えましょう。

8900　㋐　9100　9200　9300　9400　㋑　9600　9700　9800　㋒　10000

❶ 1めもりは いくつですか。（　　　）

❷ ㋐～㋒の あらわす 数を 書きましょう。

㋐（　　　）　㋑（　　　）　㋒（　　　）

3 □に あてはまる 数を 書きましょう。

3980＝□＋900＋80

3980は，3000と 900と 80を あわせた 数だね。

おうちのかたへ　10000について学習します。10000は1000を10こ集めた数です。同時に100を100こ集めた数でもあります。数を多面的にとらえましょう。

べんきょうした 日　月　日

⑤ 数の 大小
きほんのワーク

答え 13ページ

やってみよう

☆ 3650と 3820の 大きさを くらべます。
□に あてはまる 数を 書きましょう。

❶ 千のくらいの 数字は どちらも □ で 同じなので，百のくらいの 数字で くらべます。

千	百	十	一
3	6	5	0
3	8	2	0

❷ 百のくらいは 6と 8で，□ が 大きいから，

3650と 3820では □ が 大きい ことが わかります。

考え方
数の 大きさを くらべる ときは，大きい くらいから じゅんに くらべて いきます。

1 □に あてはまる ＞，＜を 書きましょう。

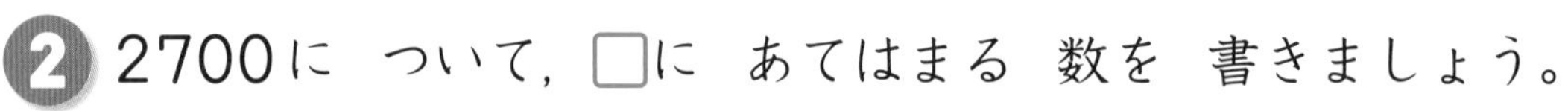

❶ 2903 □ 3560　❷ 7682 □ 7769

❸ 5400 □ 5040　❹ 6945 □ 6954

どの くらいで くらべれば いいのかな？

2 2700に ついて，□に あてはまる 数を 書きましょう。

❶ 2700は，□ と 700を あわせた 数です。

❷ 2700は，3000より □ 小さい 数です。

❸ 2700は，100を □ こ あつめた 数です。

❹ 2700と 2070では，□ の ほうが 大きいです。

この ことを □ ＞ □ と あらわします。

おうちのかたへ
数の大小の比べ方を学びます。
大きい位から小さい位への順で数を比べることを身につけましょう。

⑥ 何百の 計算
きほんのワーク

答え 13ページ

やってみよう

☆ 500円の ふでばこと 900円の 絵(え)のぐセットを 買(か)うと，あわせて いくらに なりますか。

ふでばこ
100 100 100 100 100

絵のぐセット
100 100 100 100 100 100 100 100 100

しき 500＋900＝□　　答(こた)え □

考え方
100円玉で 考(かんが)えると，5＋9(こ)で 14こに なります。

1 400円の 色(いろ)えんぴつと 800円の プラモデルを 買うと，あわせて いくらに なりますか。

100 100 100 100　100 100 100 100 100 100 100 100

しき □

答え（　　　）

2 かおりさんは 1300円 もって います。600円の 絵のぐセットを 買うと，何円(なんえん) のこりますか。

1000　100 100 100

↓

100 100 100 100 100 100 100 100 100 100　100 100 100

1000円さつを 100円玉が 10こと 考えれば いいね。

しき □

答え（　　　）

3 色紙(いろがみ)が 1200まい あります。400まい つかうと，のこりは 何まいに なりますか。

しき □

答え（　　　）

おうちのかたへ
(何百)＋(何百)＝(千何百)，(千何百)－(何百)＝(何百)の文章題です。
100のまとまりで考えれば，これまでと同じように計算できます。

まとめのテスト①

とく点 /100点

答え 14ページ

1 □に あてはまる 数(かず)を 書(か)きましょう。 □1つ6〔42点〕

❶ 7500—8000—□—9000—9500—□

❷ 9995—9996—9997—□—9999—□

❸

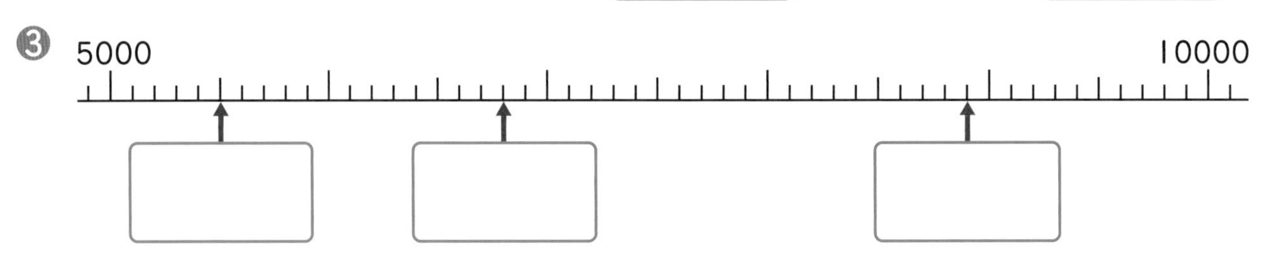

2 □に あてはまる ＞，＜を 書きましょう。 1つ6〔30点〕

❶ 4780 □ 5000

❷ 3875 □ 3785

❸ 6875 □ 6857

❹ 4090 □ 4900

❺ 10000 □ 9999

みなおしを して たしかめよう。

3 よく出る 800円の 本と 500円の ふでばこを 買(か)うと，あわせて 何円(なんえん)に なりますか。1つ7〔14点〕

しき

答(こた)え（ ）

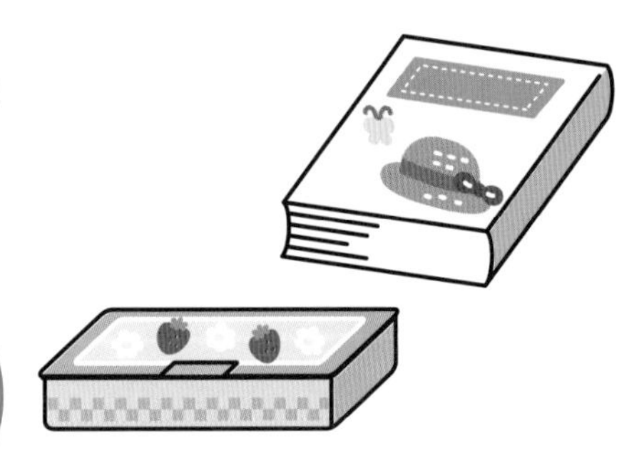

4 色紙(いろがみ)が 1000まい あります。800まい つかうと，のこりは 何まいに なりますか。 1つ7〔14点〕

しき

答え（ ）

□数の線(せん)を 読(よ)む ことが できるかな。
□1000より 大きい 数の 大きさを くらべられるかな。

まとめのテスト②

時間 20分　とく点 /100点

答え 14ページ

1 よく出る □に あてはまる 数や ことばを 書きましょう。 □1つ8〔48点〕

❶ 
はるとさん 4807の 8は □ のくらいの 数字(すうじ)で, □ が 8こ ある ことを あらわして います。

りんさん 4807は, 1000を □ こ, 100を 8こ, 1を □ こ あわせた 数です。

❷ そうたさん 10000は, □ を 10こ あつめた 数です。

りんさん 10000は, 100を □ こ あつめた 数です。

2 めいさんは 900円 ちょ金して います。今日(きょう) 300円 ちょ金すると, ちょ金は ぜんぶで 何円に なりますか。

1つ8〔16点〕

しき

答え（　　　）

3 ゆうせいさんは, 300円の はさみを 買って, 1000円さつで はらいました。おつりは 何円に なりますか。 1つ9〔18点〕

しき

答え（　　　）

4 コピー用紙(ようし)が 1600まい ありました。今日までに 700まい つかいました。何まい のこって いますか。 1つ9〔18点〕

しき

答え（　　　）

□ 1000より 大きい 数の しくみが わかったかな。
□ 何百の たし算(ざん)や ひき算が できるかな。

べんきょうした 日 月 日

① はこの 形

きほんのワーク

答え 14ページ

やってみよう

☆ □に あてはまる ことばを 書きましょう。

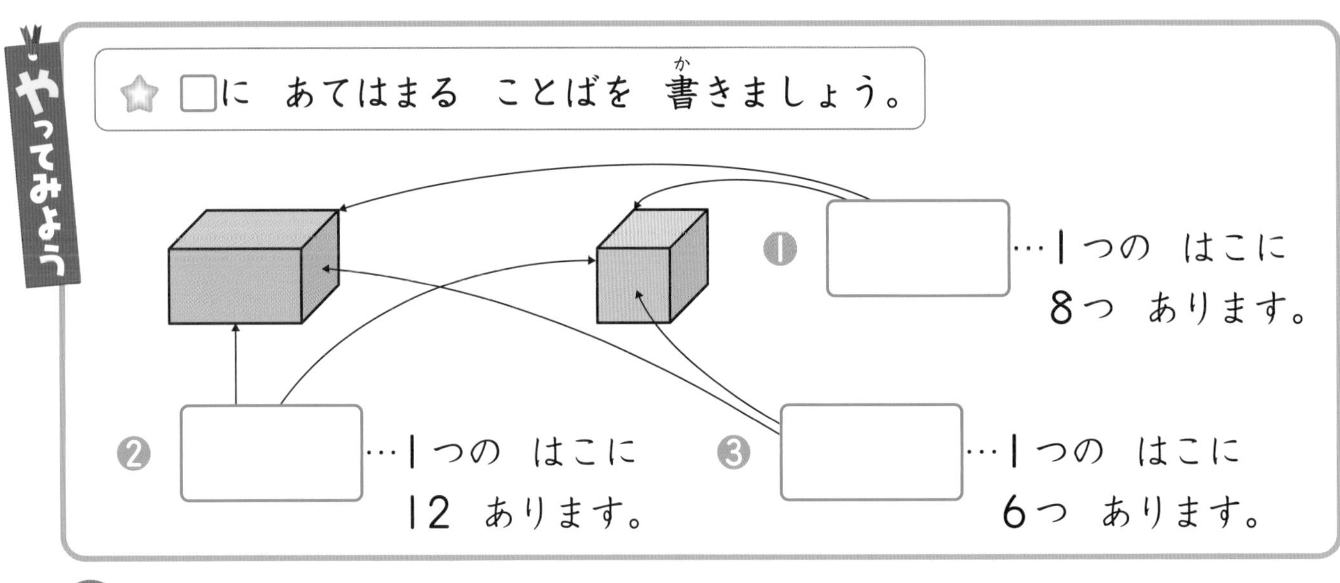

❶ □…1つの はこに 8つ あります。

❷ □…1つの はこに 12 あります。

❸ □…1つの はこに 6つ あります。

1 ひごと ねん土玉を つかって，右のような はこの 形を 作ります。□に あてはまる 数を 書きましょう。

❶ どんな 長さの ひごが 何本ずつ いりますか。

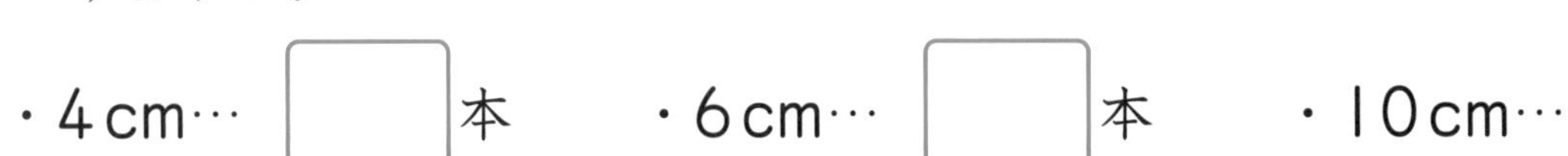

・4cm… □本　・6cm… □本　・10cm… □本

❷ ねん土玉は 何こ いりますか。

□こ

❸ はこの 形には，へんが □，ちょう点が □つ あります。

2 はこの 形に なるように，右の 図に たりない 面を かきましょう。

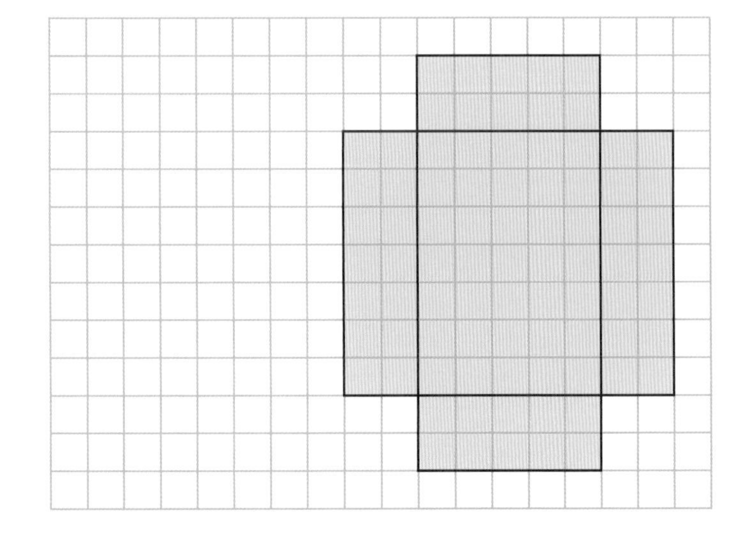

おうちのかたへ

面の形や，辺・頂点の数などを確認しましょう。
実際に箱を見ながら数えてみるのもよいでしょう。

まとめのテスト

答え 14ページ

1 組み立てると はこの 形に なるものを えらびましょう。 〔16点〕

㋐ ㋑ ㋒ ㋓

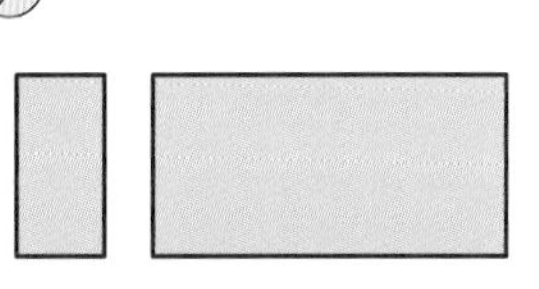

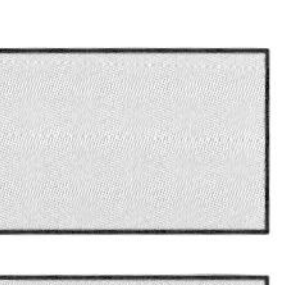

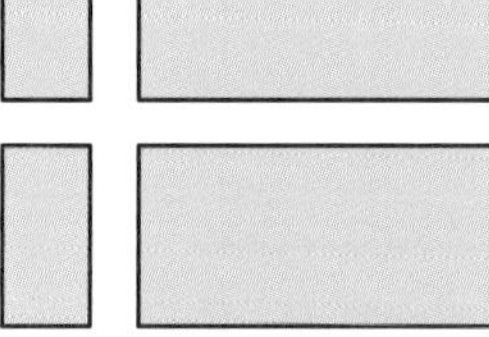

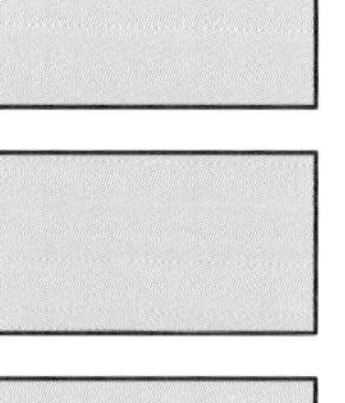

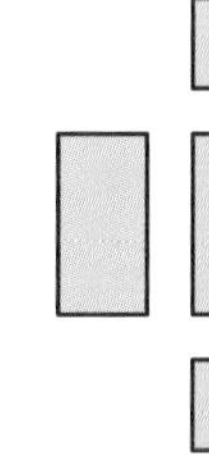

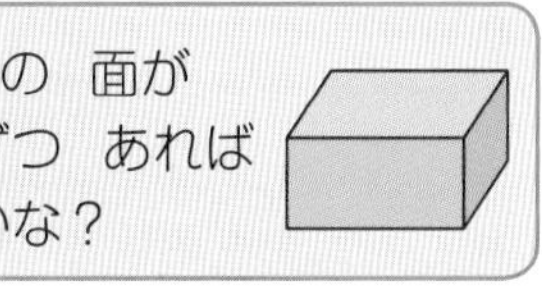

（　　　）

2 ひごと ねん土玉を つかって，右のような さいころの 形を 作ります。 1つ18〔36点〕

❶ 8cmの ひごを 何本 よういすれば よいですか。

（　　　）

❷ ねん土玉は 何こ いりますか。

（　　　）

3 よく出る 右のような はこの 形が あります。 1つ16〔48点〕

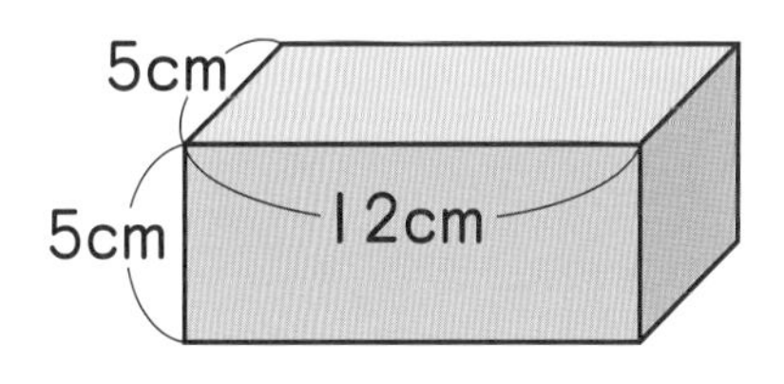

❶ 正方形の 面は いくつ ありますか。

（　　　）

❷ 長さが 5cmの へんは いくつ ありますか。

（　　　）

❸ 長さが 12cmの へんは いくつ ありますか。

（　　　）

□はこの 形の，面の 形や 数が わかったかな。
□へんの 長さや 数，ちょう点の 数が いえるかな。

① 分数の あらわし方
きほんのワーク

答え 14ページ

やってみよう

☆ 正方形の 紙を 半分に おって，切りました。

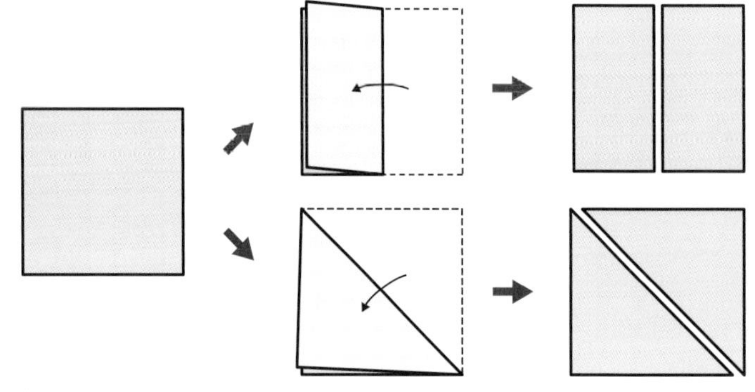

同じ 大きさに 3つに 分けた 1つ分は，もとの 大きさの $\frac{1}{3}$（三分の一）だよ。$\frac{1}{2}$や $\frac{1}{3}$を 分数と いうよ。

同じ 大きさに 2つに 分けた 1つ分を，

もとの 大きさの 二 分の一と いい，$\frac{1}{\square}$と 書きます。

1 長方形の 紙を おって，下のように 切りました。

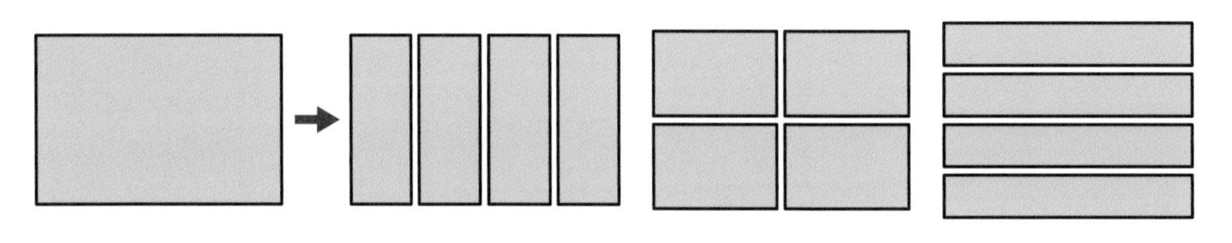

❶ どんな 形が いくつ できましたか。

同じ 形が □つ できました。

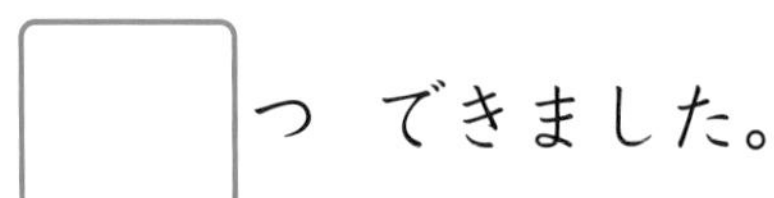

❷ 同じ 大きさに 4つに 分けた 1つ分を，もとの 大きさの

□分の一と いい，$\frac{\square}{\square}$と 書きます。

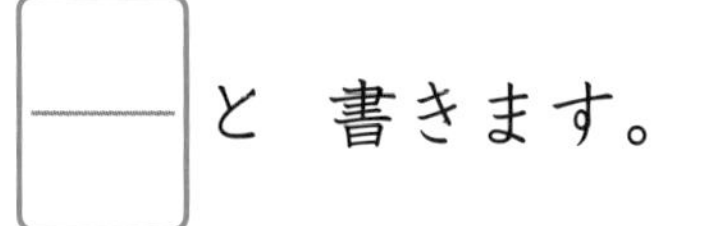

2 **1**の 紙を さらに 半分に 切りました。1つ分の 大きさを 分数で 書きましょう。

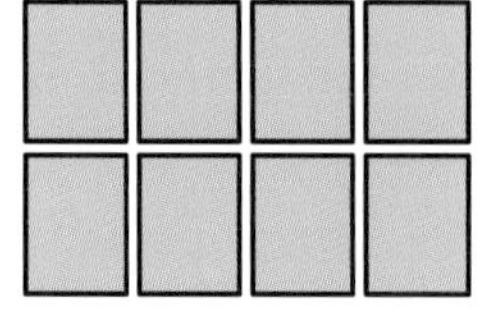

おうちのかたへ　$\frac{1}{2}$，$\frac{1}{3}$，$\frac{1}{4}$，$\frac{1}{8}$などの分数を学習します。$\frac{1}{2}$は「半分にする」ことから考えましょう。

② 同じ 数ずつ
きほんのワーク

答え 14ページ

やってみよう

☆ 6この おはじきを，同じ 数ずつ 分けます。

❶ 2つに 分けると，

1つの まとまりは □ こだから，

6この $\frac{1}{\square}$ は，3こです。

❷ 3つに 分けると，

1つの まとまりは □ こだから，

6この $\frac{1}{\square}$ は，2こです。

1 24この りんごが あります。

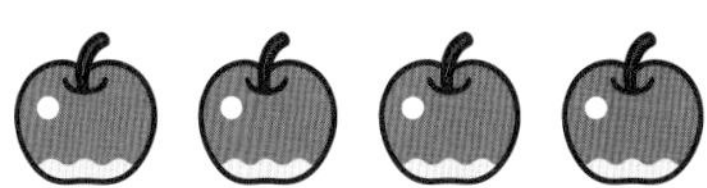

❶ 3人に 同じ 数ずつ 分けると，1人分は 何こですか。

(　　　　)

❷ ❶の 答えを 何ばいに すると，24こに なりますか。

(　　　　)

❸ 8人に 同じ 数ずつ 分けると，1人分は 何こですか。

(　　　　)

❹ ❸の 答えは，24この 何分の一ですか。分数で 書きましょう。

(　　　　)

上の 絵を 線で 分けて 考えよう。

おうちのかたへ　6÷2や6÷3など，わり算のもとになる考え方です。絵や図を使って，同じ数ずつ囲んでみるなどして考えましょう。

べんきょうした 日　月　日

まとめのテスト①

答え 15ページ

時間 20分

とく点 /100点

1 ㋐の 長さの $\frac{1}{2}$に なって いるのは どれですか。〔16点〕

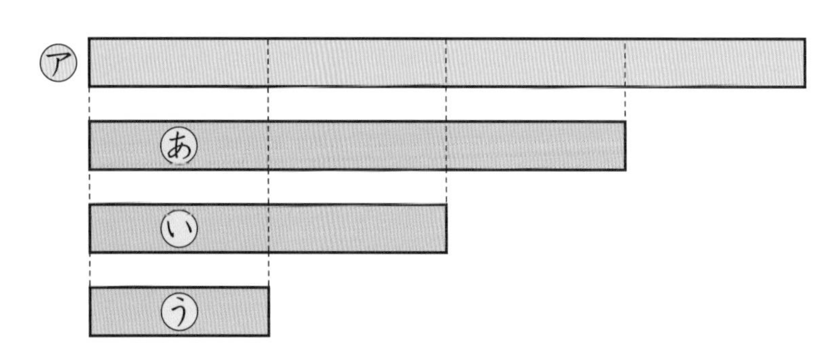

(　　　)

2 よく出る 色(いろ)の ついた ところは ぜんたいの 何分(なんぶん)の一(いち)ですか。1つ14〔42点〕

❶ 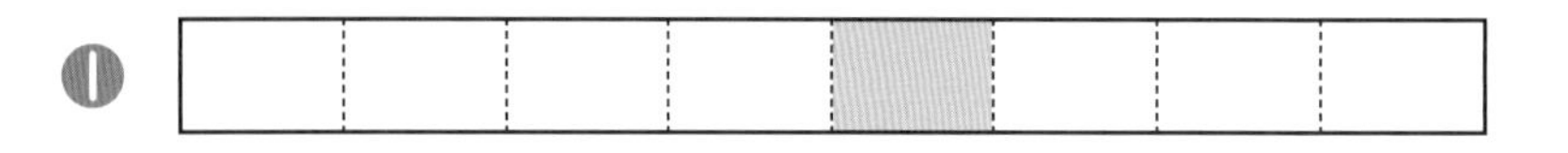 (　　　)

❷ (　　　)

❸ (　　　)

ぜんたいを いくつに 分(わ)けて いるかな？

3 12この チョコレートを 友(とも)だちと 分けます。1つ14〔42点〕

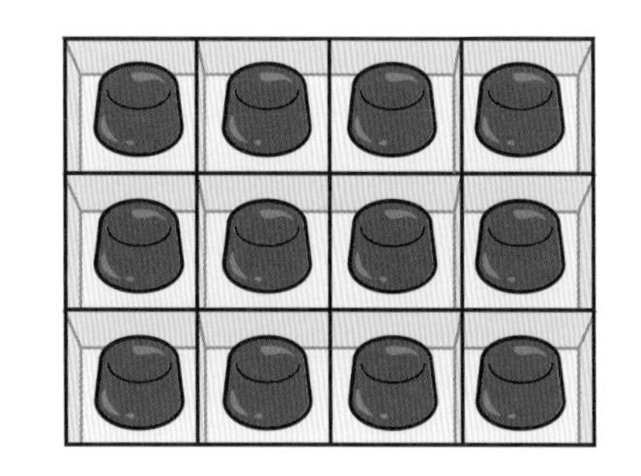

❶ 2人に 同(おな)じ 数(かず)ずつ 分けると，1人分は 何こですか。

(　　　)

❷ 3人に 同じ 数ずつ 分けます。1人分の 数は，12この 何分の一ですか。分数(ぶんすう)で 書(か)きましょう。

(　　　)

❸ もとの チョコレートの 数は，$\frac{1}{4}$の ときの 数の 何ばいですか。

(　　　)

□ 分数の しくみや あらわし方が わかったかな。
□ 同じ 数ずつに 分ける ことが できるかな。

まとめのテスト②

答え 15ページ

時間 20分

とく点 /100点

1 色の ついた ところは ぜんたいの 何分の一ですか。 1つ10〔30点〕

❶ 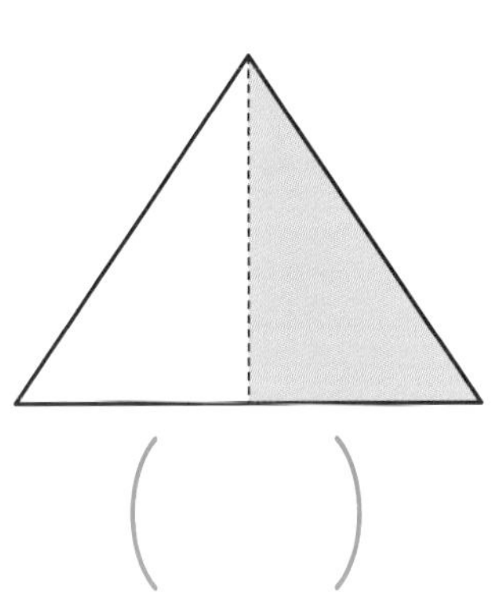
( )

❷ 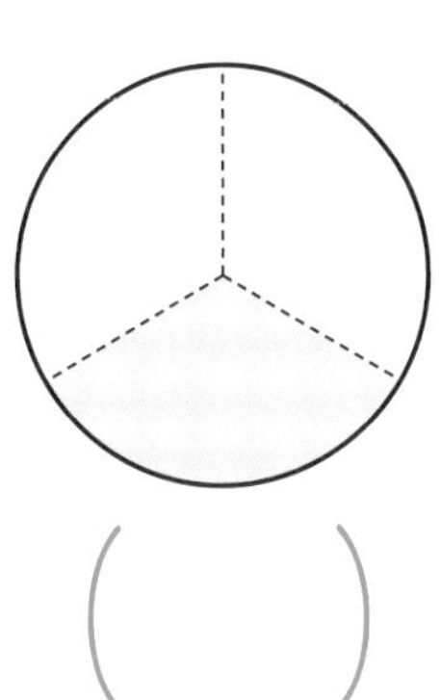
( )

❸ 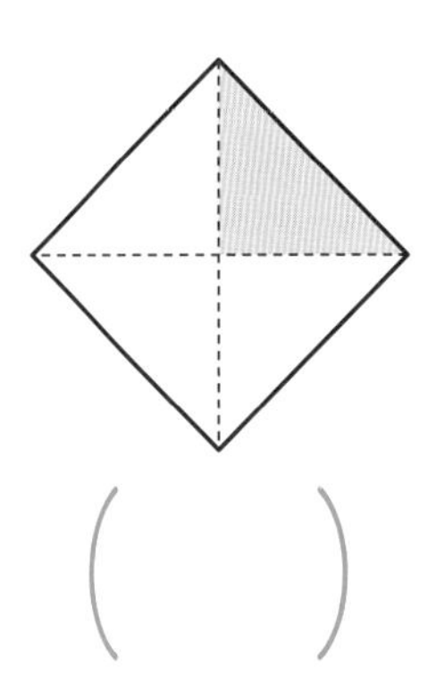
( )

2 よく出る つぎの 大きさに 色を ぬりましょう。 1つ10〔30点〕

❶ $\frac{1}{2}$

❷ $\frac{1}{4}$

❸ $\frac{1}{8}$

3 10cmの テープと，6cmの テープが あります。 ( )1つ10〔40点〕

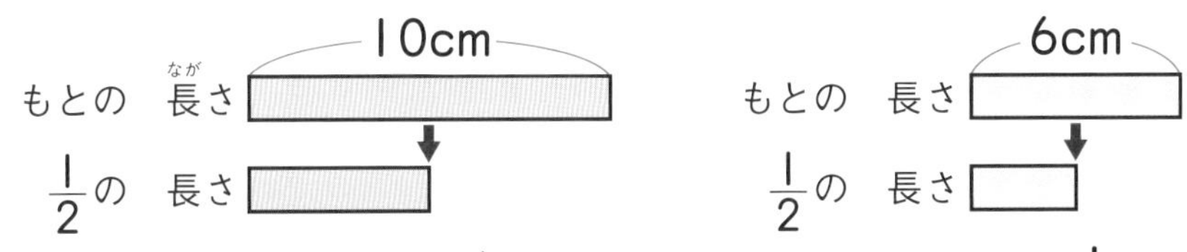

❶ それぞれ テープを 切って，もとの 長さの $\frac{1}{2}$に しました。テープは 何cmに なりましたか。

10cmの テープ( ) 6cmの テープ( )

❷ 10cmの テープの $\frac{1}{2}$の 長さと，6cmの テープの $\frac{1}{2}$の 長さの ちがいは，何cmですか。

( )

❸ もとの 長さの $\frac{1}{2}$に した テープは，何ばいすると もとの 長さに なりますか。

( )

もとの 長さが ちがうと，$\frac{1}{2}$に した 長さも ちがうんだね。

□同じ 大きさに 分けた 1つ分を，分数で あらわせるかな。
□分数と ばいの かんけいが わかったかな。

べんきょうした 日 月 日

① たすのかな ひくのかな (1)

きほんのワーク

答え 15ページ

やってみよう

☆ えんぴつが 何本か ありました。14本 くばったら，のこりが 16本に なりました。えんぴつは，はじめ 何本 ありましたか。

❶ □に あてはまる 数を 書きましょう。

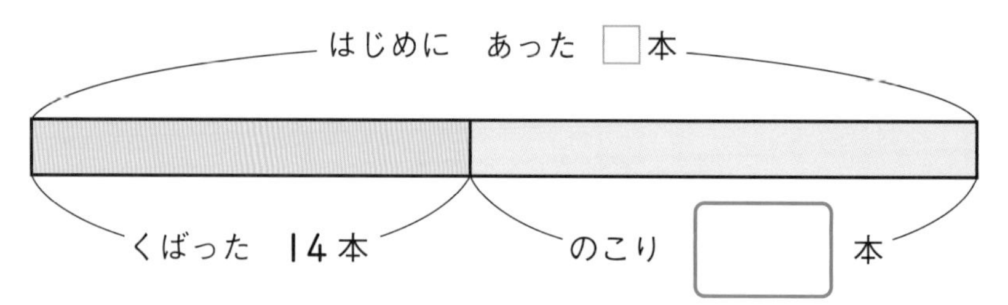

たいせつ
図に かいて 考えると，たし算で もとめられる ことが わかります。

❷ えんぴつは，はじめ 何本 ありましたか。

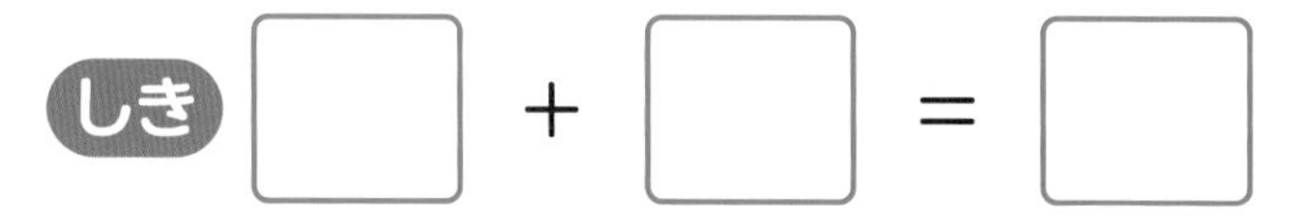

1 リボンを 何mか 買いました。そのうち，11m つかいました。まだ，9m のこって います。買って きた リボンは 何mですか。

❶ □に あてはまる 数を 書きましょう。

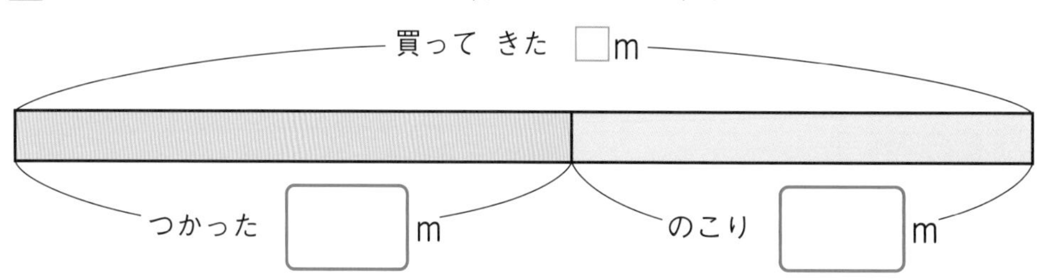

たし算で もとめるんだね。

❷ 買って きた リボンは 何mですか。

しき □ + □ = □　　答え（　　　）

2 カードが 何まいか ありました。弟に 25まい あげたら，のこりが 45まいに なりました。カードは はじめに 何まい ありましたか。

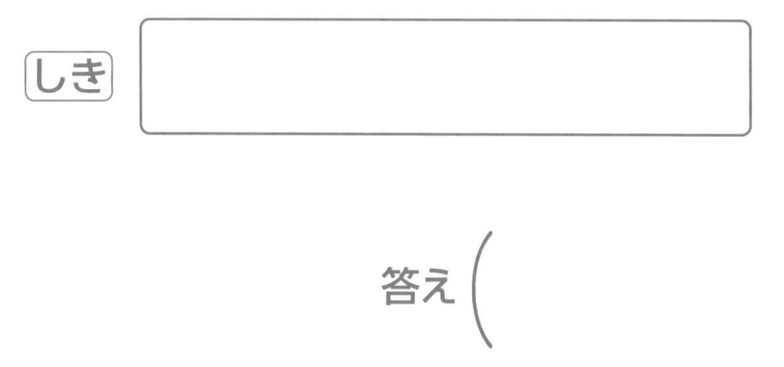

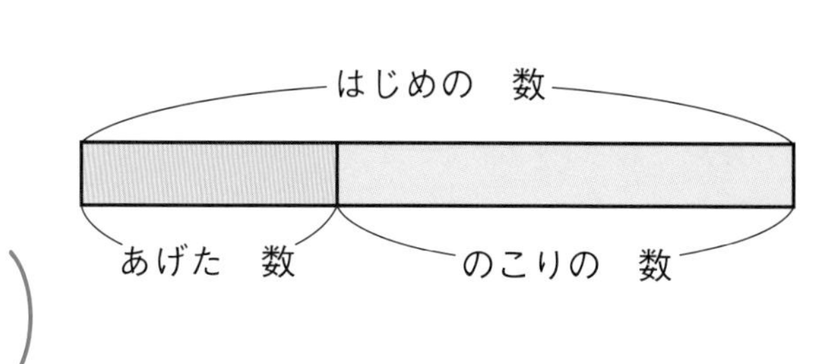

おうちのかたへ
□−a=bの□をa+bで求める問題です。文章はひき算の問題のようですが，答えはたし算で求めます。図に表して考える習慣をつけましょう。

② たすのかな ひくのかな (2)

きほんのワーク

答え 15ページ

☆ りんごが 何こか ありました。12こ 買って きたので，ぜんぶで 25こに なりました。りんごは，はじめ 何こ ありましたか。

❶ □に あてはまる 数を 書きましょう。

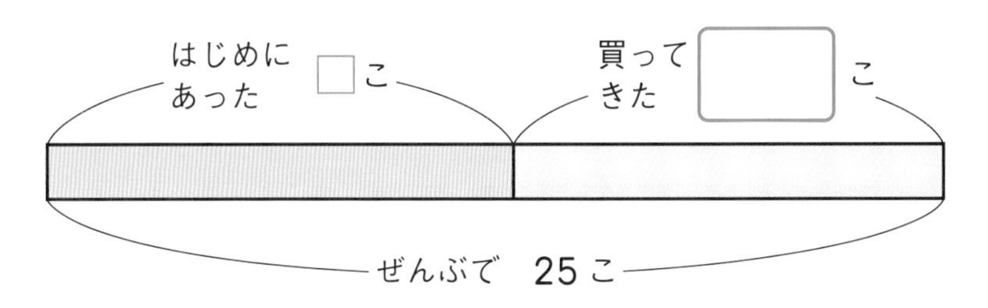

たいせつ
図に かいて 考えると，ひき算で もとめられる ことが わかります。

❷ りんごは，はじめ 何こ ありましたか。

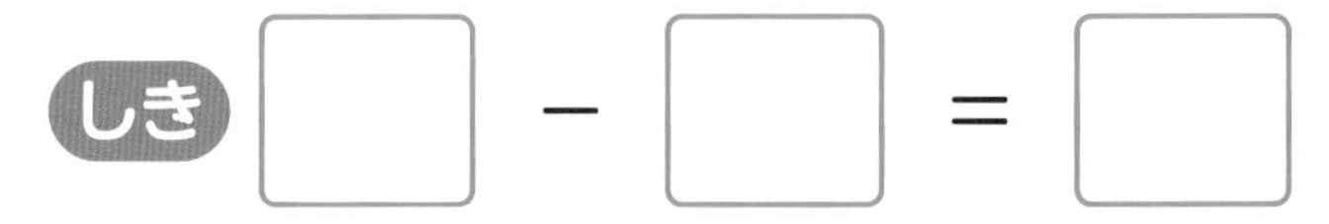

1 子どもが 15人 あそんで いました。あとから 何人か きたので，ぜんぶで 34人に なりました。あとから 何人 きましたか。

❶ □に あてはまる 数を 書きましょう。

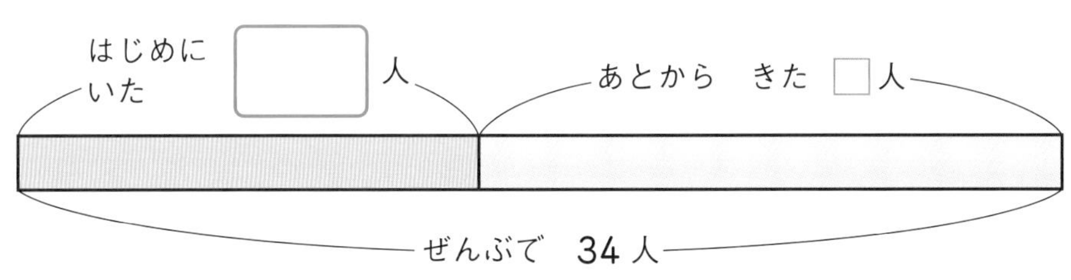

❷ あとから 何人 きましたか。

しき □ － □ ＝ □　　答え（　　　）

2 バスに 何人か のって いました。あとから 7人 のって きたので，ぜんぶで 24人に なりました。はじめに 何人 のって いましたか。

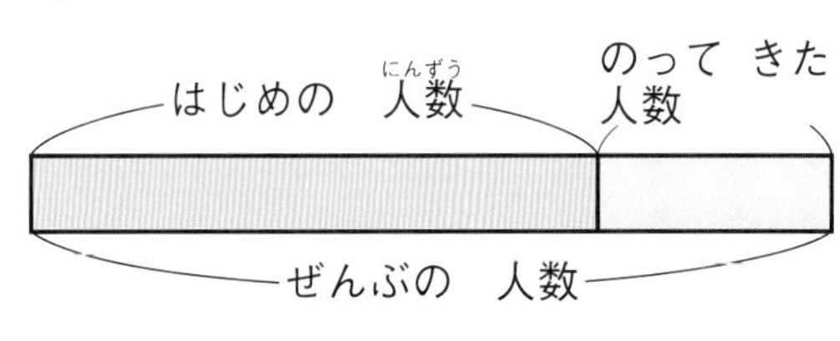

おうちのかたへ
□＋a＝bやa＋□＝bの□をb－aで求める問題です。たし算の問題のようですが，答えはひき算で求めます。図に表して関係をしっかりとらえましょう。

べんきょうした 日　　月　　日

まとめのテスト①

時間 20分

とく点 　/100点

答え 15ページ

1 よく出る 金魚が 何びきか いました。15ひき すくったら，のこりが 17ひきに なりました。金魚は，はじめに 何びき いましたか。 1つ12〔24点〕

しき

答え（　　　　）

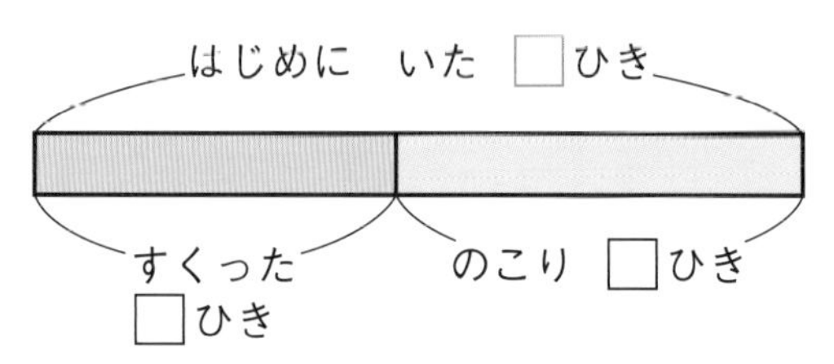

2 みかんが 何こか ありました。13こ もらったので，ぜんぶで 30こに なりました。みかんは，はじめに 何こ ありましたか。 1つ12〔24点〕

しき

答え（　　　　）

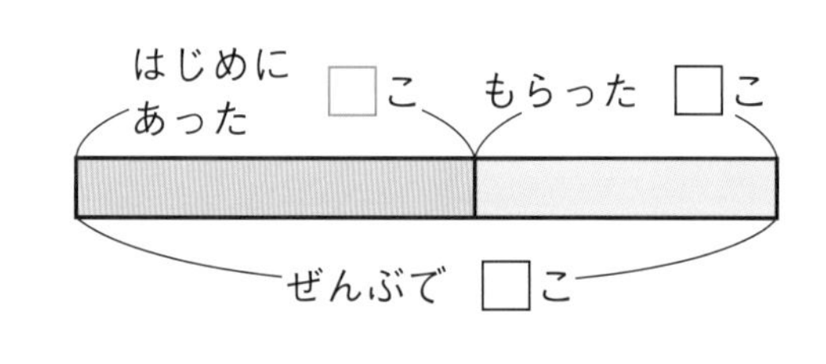

3 シールを 18まい もって いました。お兄さんに シールを 何まいか もらったので，ぜんぶで 25まいに なりました。お兄さんに もらった シールは 何まいですか。 1つ13〔26点〕

しき

答え（　　　　）

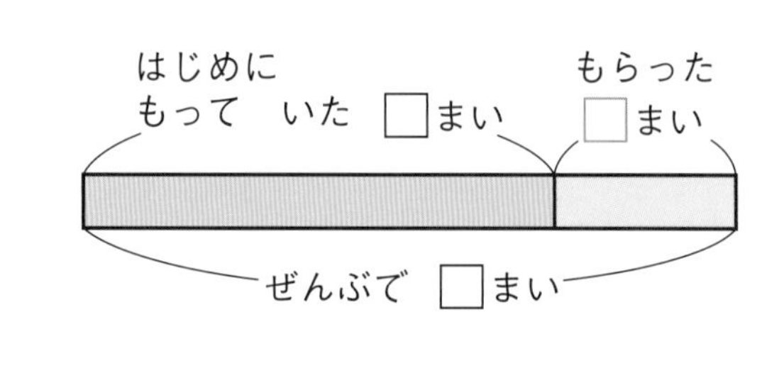

4 カードが 35まい ありました。そのうち 何まいか 弟に あげたので，のこりが 19まいに なりました。弟に 何まい あげましたか。 1つ13〔26点〕

しき

はじめに あった □まい

あげた □まい　のこり □まい

答え（　　　　）

チェック
□もんだいを よく 読んで，図に あらわす ことが できるかな。
□計算を まちがえずに できるかな。

まとめのテスト②

時間 20分

とく点　/100点

答え 16ページ

1 木に 小鳥(ことり)が とまって いました。8羽(わ) とんで いったので，のこりは，14羽に なりました。木には，はじめ 何羽の 小鳥が とまって いましたか。　1つ12〔24点〕

しき

答え（　　　）

2 色紙(いろがみ)が 何まいか ありました。そのうち 24まい つかったので，のこりが 9まいに なりました。色紙は，はじめに 何まい ありましたか。　1つ12〔24点〕

しき

答え（　　　）

3 よく出る バスに 18人 のって いました。ていりゅうじょで 何人か のって きたので，ぜんぶで 29人に なりました。あとから のって きたのは 何人ですか。　1つ13〔26点〕

しき

答え（　　　）

4 ケーキが 56こ ありました。そのうち 何こか 売(う)れたので，のこりが 13こに なりました。売れた ケーキは 何こですか。

1つ13〔26点〕

しき

答え（　　　）

□たし算(ざん)と ひき算の どちらを つかうか，わかるかな。
□図に あらわした ものを，しきに する ことが できるかな。

べんきょうした 日  月 日

まとめのテスト①

答え 16ページ

時間 20分

とく点 /100点

1 ひなたさんは 家ぞくで ゆう園地に 行きました。家を 午前9時に 出て，帰って きたのは，午後3時でした。家を 出てから 帰るまでの 時間を もとめましょう。 〔20点〕

（　　　　）

2 よく出る バスに 28人 のって いました。あとから 7人 のって きました。ぜんぶで 何人 のって いますか。 1つ10〔20点〕

しき

答え（　　　　）

3 90円の けい光ペンと 20円の クリアファイルを 買うと，あわせて いくらに なりますか。 1つ10〔20点〕

しき

答え（　　　　）

4 そうすけさんは 800円 もって います。
500円の ざっしを 買うと，のこりは 何円に なりますか。 1つ10〔20点〕

しき

答え（　　　　）

5 よく出る 水そうに 水が 3L6dL 入って います。
2dL くみ出すと，のこりは 何L何dLに なりますか。 1つ10〔20点〕

しき

答え（　　　　）

□午前と 午後が 何時間 あるか わかるかな。
□かさの 計算を まちがえずに できるかな。

答え 16ページ

とく点　　/100点

1 りえさんは，シールを 108まい もって います。妹が もって いる シールの 数は りえさんより 29まい 少ないそうです。妹は シールを 何まい もって いますか。　1つ10〔20点〕

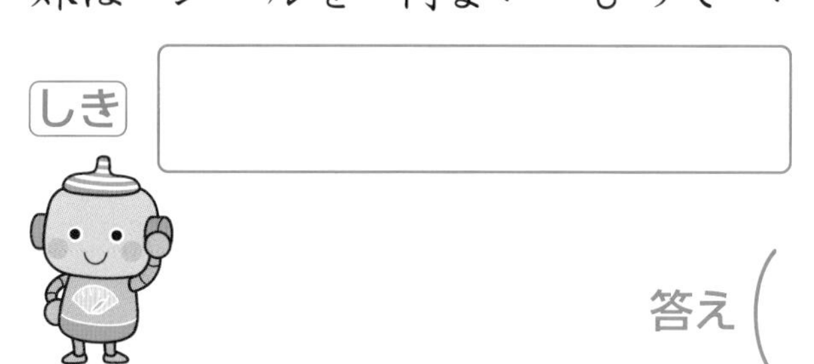

答え（　　　　　）

2 公園に 子どもが 256人，おとなが 37人 います。　1つ10〔40点〕

❶ あわせて 何人 いますか。

答え（　　　　　）

❷ 子どもと おとなの 人数の ちがいは 何人ですか。

しき

答え（　　　　　）

3 右の ㋐〜㋔から，正方形，直角三角形を えらびましょう。　1つ10〔20点〕

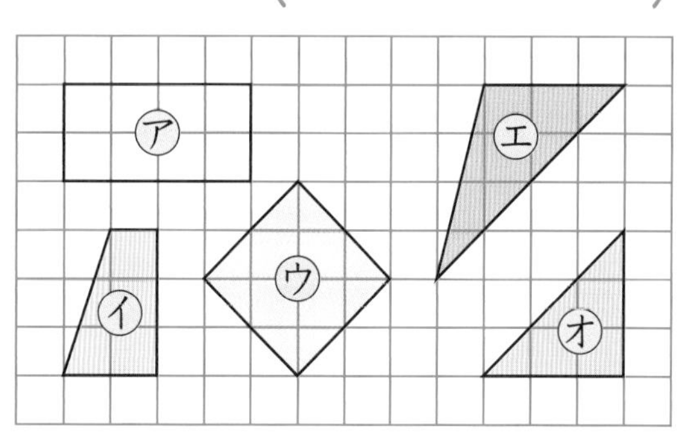

正方形（　　　　　）

直角三角形（　　　　　）

4 よく出る ケーキを 1人に 2こずつ くばります。8人に くばるには，ケーキが 何こ いりますか。　1つ10〔20点〕

しき

答え（　　　　　）

□大きい 数の 計算を ひっ算で できるかな。
□三角形や 四角形が どんな 形か せつ明できるかな。

べんきょうした 日　月　日

まとめのテスト③

答え 16ページ

時間 20分

とく点　/100点

1 ちなつさんは 1はこ 6こ入りの チョコレートを 3はこ もらいました。4こ 食べると，チョコレートは 何こに なりますか。

1つ10〔20点〕

しき

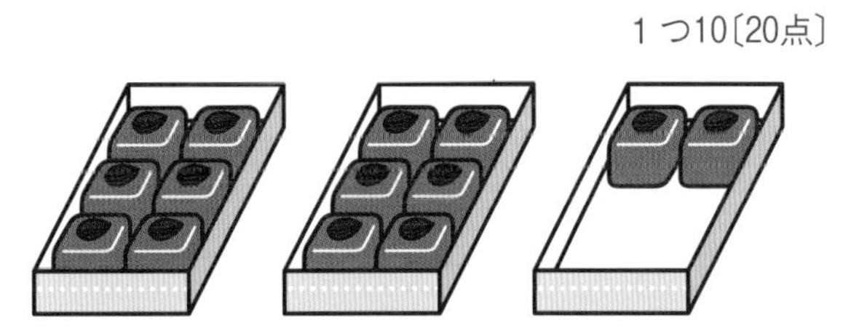

答え（　　　）

2 40cmと 80cmを あわせると，何m何cmに なりますか。〔10点〕

（　　　）

3 みおさんは 600円の ドリルを 買って，1000円さつで はらいました。おつりは 何円に なりますか。

1つ10〔20点〕

しき

答え（　　　）

4 はこの 形に ついて，□に あてはまる 数を 書きましょう。

□1つ10〔30点〕

・面は □つ，ちょう点は □つ，へんは □ あります。

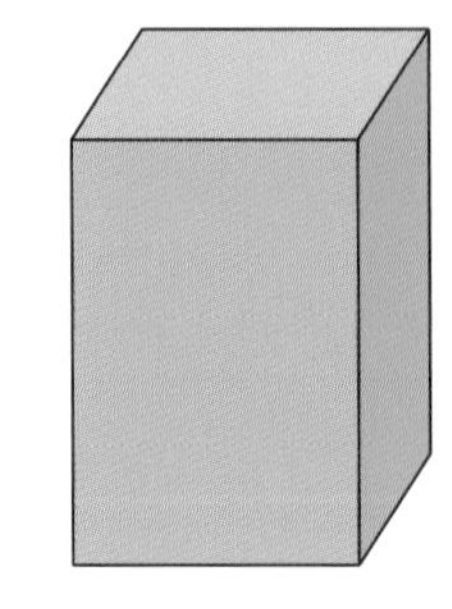

5 よく出る 公園で 子どもが 13人 あそんで いました。あとから 何人か きたので，ぜんぶで 21人に なりました。あとから 何人 きましたか。

1つ10〔20点〕

しき

答え（　　　）

□九九を ぜんぶ いえるかな。
□もんだいを よく 読んで，とく ことが できるかな。

教科書ワーク

答えとてびき

「答えとてびき」は，とりはずすことができます。

全教科書対応

文章題・図形 2年

使い方

まちがえた問題は，もういちどよく読んで，なぜまちがえたのかを考えましょう。正しい答えを知るだけでなく，なぜそうなるかを考えることが大切です。

1 ひょうと グラフ

2ページ きほんのワーク

☆ おかしの 数

名前	チョコ	せんべい	あめ	ガム
数	2	3	5	1

おかしの 数

		○	
		○	
	○	○	
○	○	○	
○	○	○	○
チョコ	せんべい	あめ	ガム

❶ のりものの 数

名前	ふね	自どう車	ひこうき	オートバイ	でん車
数	5	6	7	4	2

のりものの 数

		○		
	○	○		
○	○	○		
○	○	○	○	
○	○	○	○	
○	○	○	○	○
○	○	○	○	○
ふね	自どう車	ひこうき	オートバイ	でん車

❷ ❶ いちご
❷ すいか
❸ 3つ

てびき 表に数を間違えて書いている場合は，絵に印をつけて数えるとよいでしょう。数えもれや重複がなくなります。
表やグラフに整理することは，上の学年でも棒グラフ・折れ線グラフ・円グラフ・帯グラフなどで扱っていきます。

3ページ まとめのテスト

1 ❶ どうぶつの 数

			○	
			○	
		○	○	
		○	○	
○		○	○	
○		○	○	○
○	○	○	○	○
りす	ぞう	さる	うさぎ	ライオン

❷ 2ひき
❸ 4ひき

2 ❶ おかしの 数

名前	あめ	グミ	ケーキ	ガム	チョコ
数	4	6	3	5	8

❷ おかしの 数

				○
				○
	○			○
	○		○	○
○	○		○	○
○	○	○	○	○
○	○	○	○	○
○	○	○	○	○
あめ	グミ	ケーキ	ガム	チョコ

❸ チョコ ❹ ケーキ ❺ 2こ

2 時こくと 時間

4ページ きほんのワーク

☆ ❶ 9時30分 ❷ 1時間，60分

❶ ❶ 20分 ❷ 1時間(60分)

❷ ❶ 2時10分
❷ 3時
❸ 3時40分

てびき 時刻と時間の違いを理解しましょう。時計から読み取るのは「時間」ではなく「時刻」です。実際に時計の針を動かしてみて，6時から1時間がたつと，長針は1まわりして12から12に戻って来て，短針は6から7へ進むことを確かめましょう。2つの時刻である「6時」と「7時」の間のことを「1時間」ということを確認しましょう。

たしかめよう!
1時間＝60分です。

5ページ きほんのワーク

☆ ❶ 午前6時20分 ❷ 午後4時35分

1 ❶ 午前は 12時間，午後は 12時間，
1日は 24時間

❷ 1日に 2回 まわります。

2 ❶ 午前6時15分 ❷ 午後7時53分

てびき 午前は12時間，午後も12時間であること，1日に時計の短針は2回まわり，長針は24回まわることを確かめましょう。

たしかめよう！

1日＝24時間です。

6ページ きほんのワーク

☆ ❶ 3時間後 ❷ 5時間 ❸ 8時間

1 3時間

2 午後5時50分

3 午後3時40分

てびき 1 午前11時から正午までが1時間，正午から午後2時までが2時間なので，合わせて3時間です。

2 時計の示している午後5時10分の40分後の時刻を答えます。

3 午後4時の20分前の時刻を答えます。

7ページ まとめのテスト

1 ❶ 9時45分 ❷ 10時15分 ❸ 15分

2 午前10時

3 午後3時50分

4 20分

5 4時間

3 2けたの たし算と ひき算

8・9ページ きほんのワーク

☆ あられ 35円，ガム 24円
しき 35＋24＝59
答え 59円
（筆算：$35+24=59$）

1 しき 24＋23＝47
答え 47こ
（筆算：$24+23=47$）

2 しき 32＋30＝62
答え 62人
（筆算：$32+30=62$）

3 しき 20＋12＝32
答え 32羽
（筆算：$20+12=32$）

4 しき 25＋4＝29
答え 29本
（筆算：$25+4=29$）

5 しき 5＋33＝38
答え 38本
（筆算：$5+33=38$）

6 ❶ はじめ 36 まい　もらう 21 まい　ぜんぶで □まい

❷ しき 36＋21＝57
答え 57まい

てびき 筆算は，位をたてにそろえて，位ごとに計算するようにしましょう。

10・11ページ きほんのワーク

☆ 赤い 花 18本，白い 花 25本
しき 18＋25＝43　答え 43本
（筆算：$18+25=43$）

1 しき 25＋19＝44
答え 44まい
（筆算：$25+19=44$）

2 しき 26＋7＝33
答え 33まい
（筆算：$26+7=33$）

3 しき 17＋5＝22
答え 22羽
（筆算：$17+5=22$）

4 しき 4＋38＝42
答え 42こ
（筆算：$4+38=42$）

5 しき 63＋17＝80
答え 80まい
（筆算：$63+17=80$）

6 しき 37＋18＝55
答え 55人
（筆算：$37+18=55$）

てびき （2けた）＋（1けた），（1けた）＋（2けた）の計算では，位をそろえて計算するよう特に注意しましょう。
文章題では，テープ図（6の問題にあるような図）を使いながら考えるようにすると，今後の学習に役立ちます。

12・13ページ きほんのワーク

☆ 38，14
しき 38－14＝24
答え 24まい
（筆算：$38-14=24$）

1 しき 24－13＝11
答え 11まい
（筆算：$24-13=11$）

2 しき 29－24＝5
答え 5人
（筆算：$29-24=5$）

3 しき 52－32＝20
答え 20まい
（筆算：$52-32=20$）

4 しき 78－45＝33
答え 33こ
（筆算：$78-45=33$）

❺ しき 27−5=22
答え 22 台

27
− 5
22

❻ しき 48−21=27
答え 27 こ

48
−21
27

14・15 ページ きほんのワーク

☆ 35，18
しき 35−18=17
答え 17 こ

²3̸5
−18
17

❶ しき 43−15=28
答え 28 こ

43
−15
28

❷ しき 80−64=16
答え 16 こ

80
−64
16

❸ しき 46−9=37
答え 37 人

46
− 9
37

❹ しき 27−18=9
答え 9 こ

27
−18
9

❺ しき 92−74=18
答え 18 人

92
−74
18

❻ しき 67−29=38
答え 38 こ

67
−29
38

てびき ❶ 右のような間違いをしていたら，十の位の計算で，くり下げたことを忘れて，4−1=3 としてしまったことによるものです。くり下げたあとの数を小さく書いておくとよいでしょう。

〈誤答例〉

43
−15
38

³4̸3
−15
28

16 ページ まとめのテスト❶

1 ❶ 60 ❷ ○ ❸ 43 ❹ ○
2 しき 50−25=25
答え 25 円

50
−25
25

3 しき 18+9=27
答え 27 台

18
+ 9
27

4 しき 34−29=5
答え ねこが 5 ひき 多い。

34
−29
5

17 ページ まとめのテスト❷

1 ❶ 18 ❷ 52
2 ❶ 33 ❷ 17
3 しき 26+37=63 答え 63 こ
4 しき 32−18=14 答え 14 こ
5 しき 28+6=34 答え 34 人

てびき 「合わせて」「増えると」「違い」「残り」「どちらが多い・少ない」などの言葉に注目して，たし算になるのか，ひき算になるのかを判断します。ただ，「合わせて」と書かれていてもひき算を使う問題もあるので，気をつけましょう。答えを書くときは「63 こ」「34 人」のように，「こ」や「人」を忘れずに書きましょう。

たしかめよう!

1 たし算では，たされる数と たす数を入れかえて 計算しても，答えは 同じになります。35+18=53 の しきで，たされる数は 35，たす数は 18 です。
2 ひき算の 答えに ひく数を たすと，ひかれる数に なります。48−15=33 の しきで，ひかれる数は 48，ひく数は 15 です。

4 長さ

18 ページ きほんのワーク

☆ 6cm と 小さい めもり 3 つ分だから
6 cm 3 mm
60 mm と 3 mm だから 63 mm
❶ ❶ 10 ❷ 直線
❷ 4 cm 8 mm
40 mm と 8 mm だから 48 mm

てびき ❷ テープの右端の目もりをそのまま読んで，「7cm8mm」と答えていたら，どこからどこまでの長さを求めるのかを確認しましょう。「ここからここまでの長さを求めるよ。1 cm が何こ分と 1 mm が何こ分あるかな。」などと声をかけましょう。

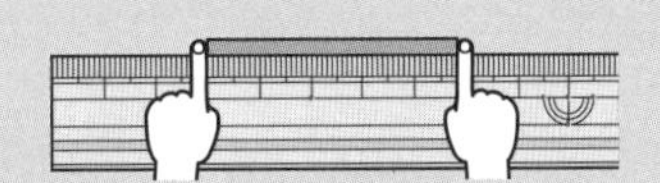

19 ページ きほんのワーク

☆ ❶ 4 cm+6 cm 5 mm=10 cm 5 mm
❷ 6 cm 5 mm−4 cm=2 cm 5 mm
❶ ❶ 6cm8mm ❷ 4mm
❷ ❶ 14cm6mm ❷ 2mm

てびき 長さのたし算やひき算は，cm どうし，mm どうしというように，同じ単位の数どうしを計算します。同じ単位どうしを○で囲むなどして 1 つ 1 つていねいに計算しましょう。
〈例〉❶ ❶ (3cm)8 mm+(3 cm)=6 cm 8 mm

20ページ まとめのテスト❶

1 ㋒

2 ❶ 8 mm　❷ 4 cm＝40 mm

❸ 8 cm 4 mm＝84 mm　❹ 13 cm 5 mm

3 ❶ 8cm5mm　❷ 8cm7mm

❸ (㋐)の　線が　(2mm)　みじかい。

てびき **1** ㋐の長さは6cm2mm，㋑の長さは7cm，㋒の長さは7cm6mmです。いちばん長い線は㋒になります。

21ページ まとめのテスト❷

1 ❶ cm　❷ mm

2
❶ (　　)	2cm8mm	3cm	(○)
❷ (○)	4cm	9mm	(　　)
❸ (○)	5cm6mm	52mm	(　　)

3 ❶ 10cm5mm　❷ 15cm5mm

4 ❶ 14cm9mm　❷ 5mm

てびき **4** ㋐の長さは7cm7mm，㋑の長さは7cm2mmです。物差しで測りましょう。

5 1000までの 数

22ページ きほんのワーク

☆ 253

❶ ❶ 738　❷ 305

❷ ❶ 493　❷ 5，1，7　❸ 9，0，3

てびき 1年生で学習した「10のまとまりの数を十の位に書く」ことと同じように，100のまとまりの数を百の位に書いて数を表します。数の見方は，大きい数の計算をするときの基礎になります。

❶❷十の位は何もないので，0を書きましょう。305を35と書かないように気をつけましょう。

23ページ きほんのワーク

☆ 120

❶ ❶ 230　❷ 470　❸ 500

❹ 34こ　❺ 73こ　❻ 80こ

❷ 700円

てびき 10のまとまりを10こ以上集めた数がいくつになるか，何百・何百何十が10を何こ集めた数かを考えます。このことは，大きな数のたし算やひき算の学習にもつながります。

24ページ きほんのワーク

☆ ❶ 1000　❷ 999

❶ ❶ 100　❷ 800　❸ 998　❹ 100こ

❷ ❶ 10

❷ ㋐30　㋑150　㋒380　㋓590　㋔810

てびき これまでに学習した「10を10こ集めた数は100」であることと同じように，100を10こ集めた数は1000であることを，100のまとまりで考えながら理解します。

25ページ きほんのワーク

☆ ❶ 512 > 498　❷ 512 < 535

❶ ❶ 297 > 289　❷ 361 < 362

❸ 96 < 101

❷ ❶ 90 > 30+20　❷ 90 < 30+70

❸ 90 = 30+60

❸ ❶ 100 > 60+20　❷ 60 = 20+40

てびき 数や式の大小関係は，不等号(>，<)を使って表すことができます。また，「＝」は答えを書くときの前に表すイメージが強いですが，＝の右と左が等しいことを示す記号であることも確認しておきましょう。

❶3けたの数の大小比較は，百の位から順に比べましょう。縦にそろえて書くと，比べやすくなります。

❶
百の位	十の位	一の位
2	9	7
2	8	9

同じ　十の位を比べて　297>289

❷❸□の右の式の答えを書いておくと，数が比べやすくなります。

26ページ きほんのワーク

☆ しき 50+70=120　答え 120円

❶ しき 80+50=130　答え 130円

❷ しき 110−80=30　答え 30円

❸ しき 70+60=130　答え 130まい

てびき 何十のたし算とひき算では，10のまとまりがいくつあるかを考えて計算します。

❶80+50は，10のまとまりで8+5と考えます。十円玉を使って考えてみてもよいでしょう。

27ページ きほんのワーク

☆ しき 500+300=800　答え 800 円

1 しき 300+400=700　答え 700 円

2 しき 700−400=300　答え 300 円

3 ❶ しき 400+50=450　答え 450 円

❷ しき 450−50=400　答え 400 円

てびき　何百のたし算とひき算も，何十のたし算とひき算のときと同じように，100 のまとまりがいくつあるかを考えて計算しましょう。計算したあとに，「00」をつけることを忘れないようにしましょう。

28ページ まとめのテスト❶

1 ❶ 760 は，700 と　60 を　あわせた　数

760 は，800 より　40　小さい　数

760 は，10 を　76 こ　あつめた　数

❷ 1000 は，100 を　10 こ　あつめた　数

1000 は，999 より　1　大きい　数

1000 は，10 を　100 こ　あつめた　数

2 しき 150−80=70　答え 70 円

3 ❶ しき 600+400=1000　答え 1000 円

❷ しき 600−400=200　答え 200 円

てびき　1 1 つの数をいろいろな見方でとらえる力を養います。1000 までの数について，いろいろな見方でとらえられているかを確認しましょう。

29ページ まとめのテスト❷

1 ❶ 750—800—850—900—950—1000

❷ 995—996—997—998—999—1000

❸ 200 300 400 500 600 700 800 900 1000

350　940

2 ❶ 867 > 786　❷ 203 < 211

❸ 80 = 50+30　❹ 100 > 80+10

3 しき 90+60=150　答え 150 円

4 ❶ しき 300+40=340　答え 340 まい

❷ しき 340−40=300　答え 300 まい

6 かさ

30ページ きほんのワーク

☆ ❶ 7 dL　❷ 6 dL

1 ❶ 1 dL の 3 つ分で 3 dL

❷ 1 dL の 8 つ分で 8 dL

2 ❶ 2 dL　❷ 5 dL　❸ 9 dL

てびき　かさの単位 dL の使い方を理解します。大きさの異なるコップで「5 杯分」と数えても，それぞれのコップに入るかさが違うと，かさを正確に比べることができません。

dL や L などの単位を使うことで，正確に比較できることのよさを理解しましょう。

31ページ きほんのワーク

☆ 1 L と　小さい　めもり 4 つ分で

1 L 4 dL です。

1 ❶ ㋐ 2 L　㋑ 20 dL

❷ ㋐ 1 L 7 dL　㋑ 17 dL

❸ ㋐ 3 L 5 dL　㋑ 35 dL

❹ ㋐ 2 L 3 dL　㋑ 23 dL

❺ ㋐ 15 dL　㋑ 1 L 5 dL

てびき　L を使って大きなかさを表します。1 L=10 dL の関係を確認しましょう。1 dL は 1 L を 10 こに分けた 1 つ分です。

1 ❷㋑ dL の単位を使った表し方にとまどっていたら，「1 L は何 dL かな。」「10 dL と 7 dL を合わせると…」などのように声をかけましょう。

32ページ きほんのワーク

☆ ❶ 1 L　❷ 1000 mL

1 1 L の　ますの　ちょうど　1 ぱい分

2 1 dL=100 mL　1 dL は　1 mL の　100 こ分

3 ❶ 1000 mL=1 L　❷ 100 mL=1 dL

4 ❶ 3 L　❷ 7 dL　❸ 350 mL

てびき　mL，dL，L の単位を使って，かさを表せるようにします。dL より小さい単位に mL があり，1 L=1000 mL，1 dL=100 mL です。身のまわりにある mL や L の表示のあるものも探してみましょう。

4 mL，dL，L を入れてみて，どの単位が適切か考えましょう。他の容器と比べながら，mL は小さい単位，dL はコップくらい，L はやかんや牛乳パックくらいなど，およその量感を持つことが大切です。

33ページ きほんのワーク

☆ しき 1 L 2 dL+1 L=2 L 2 dL

答え 2 L 2 dL

❶ しき 1L2dL−1L=2dL　答え 2dL
❷ ❶しき 2L7dL+2dL=2L9dL
答え 2L9dL
❷しき 2L7dL−2dL=2L5dL
答え 2L5dL

てびき　同じ単位の数どうしを計算することに注意しましょう。計算する同じ単位のものを○で囲んだり，下線をひいたりしながら計算するとよいでしょう。
❶ 1L2dL−1L=2dL
❷❶ 2L7dL+2dL=2L9dL

34ページ　まとめのテスト❶

1 ❶ 10　❷ 10 dL　❸ 1000 mL
❹ 4つ分
2 ❶ ㋐5L　㋑50dL
❷ ㋐1L6dL　㋑16dL
❸ ㋐2L5dL　㋑25dL
3 しき 2L8dL−7dL=2L1dL　答え 2L1dL

35ページ　まとめのテスト❷

1 ❶ 180 mL　❷ 2 L
❸ 2 dL　❹ 500 mL
2 ❶しき 8L+2L=10L　答え 10L
❷しき 8L−2L=6L　答え 6L
3 ❶しき 2L6dL+2L=4L6dL
答え 4L6dL
❷しき 2L6dL−2L=6dL　答え 6dL

てびき　**1** □にあてはまるかさの単位mL，dL，Lを書きます。身のまわりにあるもののかさを考えることで，かさの量感を身につけましょう。
3 同じ単位の数どうしを計算します。
❶ 2L6dL+2L=4L6dL
❷ 2L6dL−2L=6dL

7 3つの 数の 計算

36ページ　きほんのワーク

☆ しき 25+30+40
❶ (25+30)+40=95
❷ 25+(30+40)=95　答え 95円
❶ しき 15+(8+2)=25
答え 25まい
❷ しき 36+(15+25)=76
答え 76ページ

てびき　計算のきまりを使うことで，計算が簡単になります。たし算は，たす順序を変えても答えは同じです。答えが「何十」になる計算を先にしてしまうことで，計算がしやすくなります。今後，たす数が多い計算が出てきても，10のまとまりをつくることができないかを考え，工夫して計算できるようにしましょう。

37ページ　きほんのワーク

☆ しき 34+19+18=71
答え 71まい
（筆算：34＋19＋18＝71）
❶ しき 12+37+12=61
答え 61本
（筆算：12＋37＋12＝61）
❷ しき 37+46+5=88
答え 88人
（筆算：37＋46＋5＝88）
❸ しき 24+37+19=80
答え 80こ
（筆算：24＋37＋19＝80）

てびき　☆右のような間違いをしていたら，今までの計算ではいつもくり上がる数が1だったので，十の位に1をくり上げてしまったと考えられます。
〈誤答例〉34＋19＋18＝61
一の位の計算は，4+9+8=21であることから，十の位にくり上がる数は2であることを確認しましょう。

38ページ　きほんのワーク

☆ しき 83−25−39=19
答え 19まい
（筆算：83−25=58 ⇨ 58−39=19）
❶ しき 78−41−12=25
答え 25本
（筆算：78−41=37 ⇨ 37−12=25）
❷ しき 96−68−12=16
答え 16ページ
（筆算：96−68=28 ⇨ 28−12=16）
❸ しき 90−38−26=26
答え 26cm
（筆算：90−38=52 ⇨ 52−26=26）

てびき　3つの数の計算で，ひき算がまじった問題は，筆算を分けて行います。
前から順に計算しましょう。

39ページ きほんのワーク

☆ しき 38+54−35=57
答え 57こ

$$\begin{array}{r}38\\+54\\\hline 92\end{array} \Rightarrow \begin{array}{r}92\\-35\\\hline 57\end{array}$$

❶ しき 42−27+32=47
答え 47こ

$$\begin{array}{r}42\\-27\\\hline 15\end{array} \Rightarrow \begin{array}{r}15\\+32\\\hline 47\end{array}$$

❷ しき 36+28−12=52
答え 52ひき

$$\begin{array}{r}36\\+28\\\hline 64\end{array} \Rightarrow \begin{array}{r}64\\-12\\\hline 52\end{array}$$

❸ しき 81−24+35=92
答え 92台

$$\begin{array}{r}81\\-24\\\hline 57\end{array} \Rightarrow \begin{array}{r}57\\+35\\\hline 92\end{array}$$

てびき 3つの数の計算で，たし算とひき算がまじった問題を考えます。
「増える」「合わせて」「来る」「もらう」「全部で」「減る」「違い」「使う」「残り」などの言葉に注意しながら，式をつくりましょう。

40ページ まとめのテスト①

1 しき 12+6+4=22
または，12+(6+4)=22　答え 22人

2 しき 37+29−42=24
答え 24まい

$$\begin{array}{r}37\\+29\\\hline 66\end{array} \Rightarrow \begin{array}{r}66\\-42\\\hline 24\end{array}$$

3 しき 35−12+19=42　答え 42人

4 しき 15+4+6=25
または，15+(4+6)=25　答え 25本

てびき 1 4 (　)を使って，たし算で「何十」になる計算を先に行います。工夫して計算ができないかを確認しましょう。
2 3 式を書いたら，前から順に計算をします。
3 は，空いているスペースに筆算を書いて計算をしましょう。
3 式をつくることにとまどっていたら，「乗る」は増えるか減るか，「降りる」は増えるか減るかを確認しましょう。

41ページ まとめのテスト②

1 しき 46+17+19=82
答え 82こ

$$\begin{array}{r}46\\17\\+19\\\hline 82\end{array}$$

2 しき 17+8+3=28
または，8+(17+3)=28　答え 28ひき

3 しき 14+23+7=44
または，14+(23+7)=44
答え 44本

4 しき 90−25−32=33
答え 33もん

8 たし算と ひき算の ひっ算

42ページ きほんのワーク

☆ 73，64
しき 73+64=137
答え 137まい

$$\begin{array}{r}73\\+64\\\hline 137\end{array}$$

❶ しき 45+80=125
答え 125円

$$\begin{array}{r}45\\+80\\\hline 125\end{array}$$

❷ しき 58+67=125
答え 125人

$$\begin{array}{r}58\\+67\\\hline 125\end{array}$$

❸ しき 79+26=105　答え 105ページ

てびき ❷ 2回くり上がりがある筆算では，右のように十の位の計算で，一の位からくり上げた1をたし忘れる間違いが多くみられます。くり上げた1を書いておくようにしましょう。

〈誤答例〉

$$\begin{array}{r}58\\+67\\\hline 115\end{array}$$

43ページ きほんのワーク

☆ 143，71
しき 143−71=72
答え 72まい

$$\begin{array}{r}143\\-\ 71\\\hline 72\end{array}$$

❶ しき 128−53=75
答え 75まい

$$\begin{array}{r}128\\-\ 53\\\hline 75\end{array}$$

❷ しき 134−47=87
答え 87こ

$$\begin{array}{r}134\\-\ 47\\\hline 87\end{array}$$

❸ しき 103−9=94　答え 94回

てびき 百の位からのくり下がりに注意します。くり下がりが続くときは，特に気をつけましょう。筆算に3けたの数が出てきても，2けたのときと同じように計算することができます。

44ページ きほんのワーク

☆ 245，34
しき 245+34=279
答え 279円

$$\begin{array}{r}245\\+\ 34\\\hline 279\end{array}$$

❶ しき 314+72=386
答え 386人

$$\begin{array}{r}314\\+\ 72\\\hline 386\end{array}$$

❷ しき 68+425=493
答え 493円

$$\begin{array}{r}68\\+425\\\hline 493\end{array}$$

❸ しき 8+209=217　答え 217まい

てびき (3けた)+(2けた)，(3けた)+(1けた)のようなけた数の違う数どうしの筆算では，位をそろえて計算するように，特に注意します。くり上がりも忘れないようにしましょう。

45ページ きほんのワーク

☆ 278，45

しき 278－45＝233

答え 233円

```
  278
－ 45
  233
```

❶ しき 168－65＝103

答え 103ページ

```
  168
－ 65
  103
```

❷ しき 362－48＝314

答え 314人

```
  362
－ 48
  314
```

❸ しき 213－7＝206　答え 206こ

てびき ❷ 各位で計算できない場合は，1つ上の位から1くり下げて計算することを確認しましょう。

❸ 右下のような間違いをしていたら，十の位を計算するときに，一の位へ1くり下げたことを忘れてしまったかもしれません。くり下げたあとの数を書いておくと，間違いが防げます。

〈誤答例〉

```
  213
－  7
  216
```

46ページ まとめのテスト❶

1 しき 49＋54＝103

答え 103こ

```
   49
＋ 54
  103
```

2 しき 104－18＝86

答え 86こ

```
  104
－ 18
   86
```

3 しき 308＋57＝365

答え 365円

```
  308
＋ 57
  365
```

4 しき 483－79＝404

答え 404人

てびき 問題文の場面を正しくとらえ，式に表せるか確認しましょう。答えに「こ」「円」「人」などを書き忘れないように注意しましょう。

47ページ まとめのテスト❷

1 しき 107－29＝78

答え 78回

```
  107
－ 29
   78
```

2 しき 57＋68＝125

答え 125人

```
   57
＋ 68
  125
```

3 しき 508＋69＝577

答え 577円

```
  508
＋ 69
  577
```

4 ❶しき 147＋42＝189　答え 189こ

❷しき 147－42＝105　答え 105こ

9 三角形と 四角形

48ページ きほんのワーク

☆ ㋐，㋒，㋖

❶ ❶ ❷

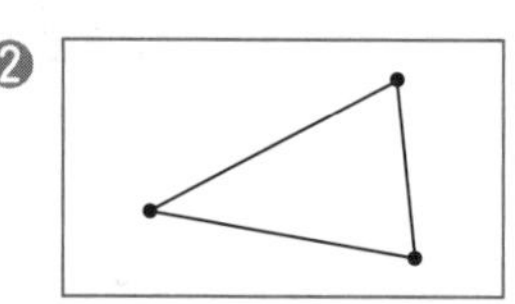

❷ ㋐，㋓，㋖，㋙

❸ ❶ 2つ　❷ 3つ

てびき まっすぐな線のことを直線といい，3本の直線で囲まれた形を三角形といいます。

☆線が曲がった図形を選んでいたら，三角形は直線で囲まれていることを確認しましょう。また，㋑のように直線と直線がつながっていないものは三角形ではありません。

❶直線でつないでいるかを確認しましょう。

49ページ きほんのワーク

☆ ㋑，㋕，㋗

❶ ❶ ❷

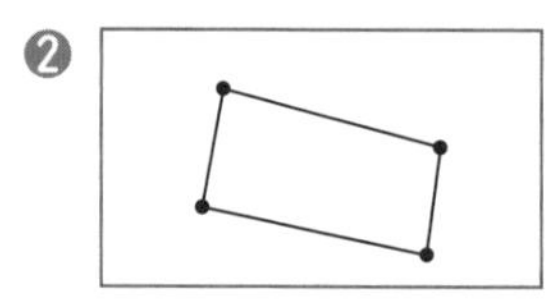

❷ ㋑，㋖，㋘，㋙

❸ ❶ (三角形)と (四角形)

❷ (四角形)と (四角形)

てびき 4本の直線で囲まれた形を四角形といいます。三角形と同様に，線が曲がった図形や，直線と直線がつながっていないものは四角形ではありません。

50ページ きほんのワーク

☆ ❶ 長方形　❷ 正方形

❶ ❶(れい) ❷(れい)

❷ ❶(れい) ❷(れい)

てびき かどの形や辺の長さに注目して，長方形や正方形を理解します。

たしかめよう!

長方形の むかい合って いる へんの 長さは 同じです。

51ページ　きほんのワーク

☆ 直角三角形

❶ ㋑と　㋓

❷ ❶ ちょう点　❷ へん

❸ ㋒

てびき 長方形や正方形から直角三角形をつくることで，直角三角形の性質を理解します。
❸三角定規の直角の角をあてて調べてみましょう。

52ページ　まとめのテスト❶

1 ❶ 四角形　❷ 三角形　❸ 直角三角形

2 ❶ (㋐)と　(㋓)　❷ (㋑)と　(㋔)

3 ❶ (れい)

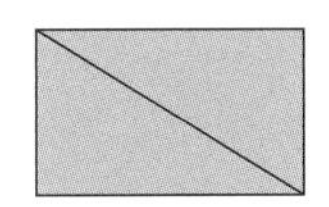

❷ (れい)

❸ (れい)

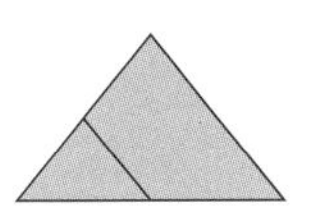

❹ (れい)

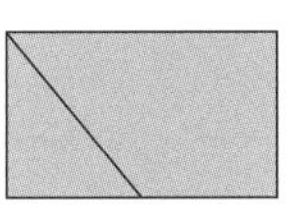

てびき **1** 三角形，四角形，直角三角形の性質が理解できているかを確認します。
2❶ 3本の直線で囲まれた形が三角形です。
❷ 4本の直線で囲まれた形が四角形です。
3 形の中に1本の直線を引いて，2つの形に分けることを通じて，三角形や四角形の理解を深めます。とまどっているときは，指で図形を分けて見せ，いろいろな引き方があることを示してみましょう。

53ページ　まとめのテスト❷

1 三角形…㋒　四角形…㋑

2 ㋐

3 ㋑，㋔

4 ❶(れい)　❷(れい)

1cm　1cm

てびき **1** 三角形や四角形がきちんと選べているか確認し，それを選んだ理由を説明できるか確認しましょう。

10 かけ算(1)

54ページ　きほんのワーク

☆ 6本ずつ，3はこ分　しき　6×3=18

❶ ❶ おにぎり　3×4=12

❷ ジュース　4×3=12

❸ ケーキ　2×3=6

❷ 2+2+2+2=8だから，2×4=8

てびき 今まで，2+2+2+2のようにたし算で書いていた式を，2×4のようにかけ算の式で表します。九九を学ぶ前は，かけ算の答えはたし算で求めます。かけ算の式では「1つ分の数」×「いくつ分」を意識しましょう。
例えば，❶のりんごの数は，5×2=10(こ)になります。2×5=10でも答えは同じになりますが，文章題では場面に合わせて式をつくるので「1つ分の数」×「いくつ分」で式を書くことを意識しましょう。
また，身のまわりにある3こで1パックのプリン，4こで1パックのヨーグルト，5こで1袋の鉛筆キャップなどに目をつけ，2パックで何個になるか，などと問題をつくってみるのもよいでしょう。

55ページ　きほんのワーク

☆ しき　3×2=6　答え　6cm

❶ しき　5×4=20
5+5+5+5=20　答え　20cm

❷ しき　6×3=18
6+6+6=18　答え　18人

❸ しき　4×5=20
4+4+4+4+4=20　答え　20こ

てびき 倍の表し方を知り，「いくつ分」が「倍」で表せることを確認しましょう。

56ページ　きほんのワーク

☆ 5こ，3ふくろ分
しき　5×3=15　答え　15こ

❶ 5こ，4はこ分
しき　5×4=20　答え　20こ

❷ しき　5×6=30　答え　30こ

❸ しき　5×7=35　答え　35本

てびき 5×9などの答えを求めるとき，たし算で計算すると大変ですが，九九を覚えていればすぐに答えられます。
5の段の九九が，5×1から順に言えるようになったら，5×9から逆に言ってみたり，バラバラに言ってみたりという練習をすることで，確実に身につけましょう。

❸「1つ分の数」は1人に配る鉛筆の本数である5，「いくつ分」は配る人数である7だから，必要な鉛筆の数は5×7で求めます。
かけ算の式を書くときは，「1つ分の数」と「いくつ分」を意識しましょう。

57ページ きほんのワーク

☆ [2]こ，[6]さら分
しき [2]×[6]=[12]　答え 12こ

❶ [2]こ，[4]パック分
しき [2]×[4]=[8]　答え 8こ

❷ しき [2]×[7]=[14]　答え 14cm

❸ しき 2×8=16　答え 16さつ

てびき　2の段の九九は，答えが2ずつ増えているので，慣れないうちは，2つとびで数えながら答えを考えるのもよいでしょう。
❷「何倍」も，かけ算の式で表すことができます。
❸「1つ分の数」と「いくつ分」がきちんととらえられているかを確認しましょう。「1つ分の数」は1人分のノートの数である2，「いくつ分」は人の数の8です。

58ページ きほんのワーク

☆ [3]こ，[4]パック分
しき [3]×[4]=[12]　答え 12こ

❶ [3]人，[5]つ分　しき [3]×[5]=[15]　答え 15人

❷ しき [3]×[7]=[21]　答え 21こ

❸ しき 3×6=18　答え 18こ

てびき　3の段の九九では，かける数が1増えると，答えは3増えます。
また，3×7=21，3×8=24，3×9=27など，「いち」「し」「しち」がつくと言いづらく，間違えやすくなります。

59ページ きほんのワーク

☆ [4]こ，[5]さら分
しき [4]×[5]=[20]　答え 20こ

❶ [4]人，[6]台分　しき [4]×[6]=[24]　答え 24人

❷ しき [4]×[3]=[12]　答え 12こ

❸ しき 4×8=32　答え 32本

てびき　「1つ分の数」×「いくつ分」の場面をかけ算の式で表せるか確認しましょう。
また，自分で問題をつくってみると，かけ算を使う場面をより理解できるでしょう。
4の段の九九では，4×6=24，4×7=28など，「し」「しち」「はち」が多く出てくるので間違えやすくなります。何度も声に出して，練習しましょう。

60ページ まとめのテスト❶

1 しき 5×3=15　答え 15こ

2 しき 2×7=14　答え 14こ

3 しき 3×4=12　答え 12こ

4 しき 4×6=24　答え 24cm

5 しき 4×3=12　答え 12こ

てびき　2，3，4，5の段の九九を混ぜて出題しています。
「1つ分の数」×「いくつ分」，「何倍」をかけ算で表せているか確認しましょう。
3「1つ分の数」と「いくつ分」を意識しながら式を書くようにしましょう。「1つ分の数」は1つのかごに入っているりんごの数の3，「いくつ分」はかごの数の4です。

61ページ まとめのテスト❷

1 しき 5×6=30　答え 30人

2 しき 4×5=20　答え 20本

3 しき 3×8=24　答え 24こ

4 しき 2×9=18　答え 18さつ

5 しき 5×7=35　答え 35もん

11 かけ算(2)

62ページ きほんのワーク

☆ [6]こ，[4]はこ分
しき [6]×[4]=[24]　答え 24こ

❶ [6]まい，[5]ふくろ分
しき [6]×[5]=[30]　答え 30まい

❷ しき [6]×[7]=[42]　答え 42cm

❸ しき [6]×[8]=[48]　答え 48本

てびき　❷の6×7，❸の6×8は答えを間違えやすいので特に注意しましょう。間違ってしまったら，何度も声に出して正しく覚えましょう。

63ページ きほんのワーク

☆ 7円，3まい分
しき 7×3＝21　答え 21円

❶ 7こ，6ふくろ分
しき 7×6＝42　答え 42こ

❷ しき 7×2＝14　答え 14日

❸ しき 7×4＝28　答え 28人

てびき 7の段の九九は，「しち」「いち」「し」「はち」が多くて言いづらいため，間違えやすい段です。7の段の九九が正しく言えているかどうか，確認しましょう。

64ページ きほんのワーク

☆ 8こ，4はこ分
しき 8×4＝32　答え 32こ

❶ 8まい，5ふくろ分
しき 8×5＝40　答え 40まい

❷ しき 8×6＝48　答え 48人

❸ しき 8×7＝56　答え 56まい

てびき 覚える段が増えると，今まで習ってきた九九の答えと混同してしまうことが多いようです。8の段が正しく言えているかどうか，確認しましょう。

65ページ きほんのワーク

☆ 9こ，5はこ分
しき 9×5＝45　答え 45こ

❶ 9まい，7人分
しき 9×7＝63　答え 63まい

❷ しき 9×4＝36　答え 36人

❸ しき 9×3＝27　答え 27本

てびき 式が書けているのに，答えがわからなくなってしまったら，「かけられる数とかける数を入れかえても答えは同じになる」というきまりを使って答えを考えるのも，ひとつの方法です。（このワークでは，1の段の九九のあとで扱っています。）
❶ 9×7は，7×9の九九でも答えを求めることができます。

66ページ きほんのワーク

☆ 1本，6つ分
しき 1×6＝6　答え 6本

❶ ❶ しき 3×8＝24　答え 24こ
❷ しき 1×8＝8　答え 8本

❷ ❶ しき 1×3＝3　答え 3さつ
❷ しき 1×5＝5　答え 5さつ

てびき 1の段のかけ算が使われる場面を取り上げ，かけ算の式に表すことのよさを理解します。

67ページ きほんのワーク

☆ ❶ しき 5×3＝15　答え 15こ　❷ 5こ

❶ ❶ しき 6×4＝24　答え 24こ　❷ 6こ

❷ しき 8×4＝32，32−8＝24　答え 24こ

てびき かけ算では，かける数が1増えると，答えはかけられる数だけ増えます。
九九の表を見ながら，確認してみるとよいでしょう。
❷ かけ算をした後にひき算をして，答えを求めます。場面を1つずつとらえて式をつくり，順に計算しましょう。

68ページ きほんのワーク

☆ ❶ 1人に 3こずつ 4人に くばるから，
しき 3×4＝12　答え 12こ
❷ 1人に 4こずつ 3人に くばるから，
しき 4×3＝12　答え 12こ

❶ ❶ しき 4×5＝20　答え 20こ
❷ しき 5×4＝20　答え 20こ

❷ しき 5×3＝15　答え 15こ

てびき 答えが同じ数になるものを2通りの式に表すことで，かけ算のきまり「かけられる数とかける数を入れかえて計算しても答えは同じになる」ことを確認します。このことは，答えを忘れてしまった九九を求めたり，出した答えが正しいかどうか確認したりするときに役立ちます。

たしかめよう！
かけ算では，かけられる数と　かける数を
入れかえても，答えは　同じに　なります。

69ページ きほんのワーク

☆ ❶ しき 6×4＝24　❷ しき 3×8＝24

❶ ❶ しき 4×4＝16　❷ しき 2×8＝16

❷ （れい）❶ 3×8＝24　❷ 6×5＝30

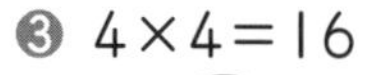

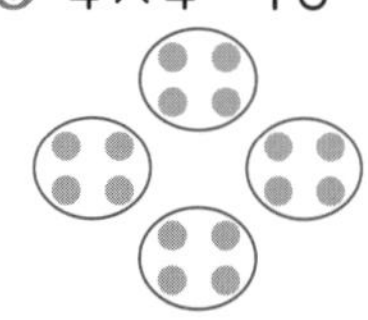

④ 4×5=20

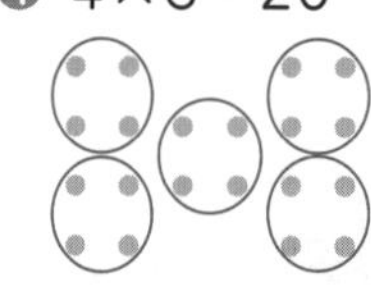

てびき　1つ分の数を見つけて，自分で式をつくることで，かけ算の意味の理解を深めます。
❷囲み方が違っていても，➊3つずつ，➋6つずつ，➌4つずつ，➍4つずつ囲んでいれば正解です。

70ページ　まとめのテスト①

1 しき 8×6=48　答え 48こ
2 しき 7×4=28　答え 28日
3 しき 6×5=30　答え 30人
4 しき 9×7=63　答え 63円
5 しき 1×6=6　答え 6さつ

てびき　6，7，8，9，1の段の九九を使った文章題です。「1つ分の数」と「いくつ分」がどの数になるか，一緒に確認してみましょう。

71ページ　まとめのテスト②

1 しき 6×8=48　答え 48cm
2 しき 9×7=63　答え 63こ
3 （れい）しき 6×5=30
30+2=32　答え 32人
4 （れい）しき 5×4=20
20−3=17　答え 17まい

てびき　3 4 これまでのかけ算の学習をもとに，かけ算とたし算，かけ算とひき算のように2つの式を使って答えを出す問題です。初めに何を求めればよいかを明確にし，場面の順に式を書いて答えを求めましょう。
3 6×6=36，36−4=32と求めることもできます。

12 長い ものの 長さ

72・73ページ　きほんのワーク

☆ ➊ [120]cm　➋ [1]m[20]cm
❶ 1mの　ものさしで　[1]つ分と
40cmなので，[1]m[40]cmです。
❷ ➊ 1m15cm　➋ 115cm
❸ ➊ 5m　➋ 500cm
❹ ➊ 2m10cm　➋ 210cm
❺ ➊ しき [3]m[40]cm+[2]m=[5]m[40]cm
答え 5m40cm
➋ しき [3]m[40]cm−[2]m=[1]m[40]cm
答え 1m40cm
❻ ➊ cm　➋ m　➌ mm

てびき　mを使って，長い物の長さを表せるようにします。また，身近な物をmやcmを使って表します。
長い長さの計算でも，cmやmmのときと同じように，たし算やひき算ができます。たし算やひき算は，同じ単位の数どうしを計算すればよいことを確認しましょう。
❹➋1m=100cm，2m=200cm，200cmと10cmで210cm，というように，順を追って考えましょう。

74ページ　まとめのテスト①

1 ➊ 130cm　➋ 1m30cm
2 ➊ 1m64cm　➋ 14cm
3 1m30cm

てびき　1 ➋100cm=1mだから，130cm=1m30cmです。
2 長さの計算をするときは，同じ単位の所に印をつけるとやりやすくなります。
➊1m24cm+40cm=1m64cm
➋1m24cm−1m10cm=14cm
3 80cm+50cm=130cm
130cm=1m30cm

75ページ　まとめのテスト②

1 ➊ 2m70cm　➋ 270cm
2 1m90cm
3 1m40cm
4 75cm
5 30cm

てびき　1 ➊1mの2つ分で2mだから，2mと70cmを合わせて，2m70cmです。
➋1m=100cmだから，2m=200cm，200cmと70cmを合わせて，270cmです。
2 1m20cm+70cm=1m90cm
同じ単位の数どうしを計算します。
3 3m40cm−2m=1m40cm
4 1m=100cmだから，
1m−25cm=100cm−25cm

=75cm

5 1m70cm−1m40cm=30cm

13 10000までの 数

76ページ きほんのワーク

☆ ❶ 二千七百六十五　❷ 2

1 ❶ 7　❷ 0

❸ 百のくらい　❹ 一のくらい

2 ❶ 二千三百五十一　❷ 千六百八十七

❸ 五千六十八　❹ 九千四

3 ❶ 3569　❷ 7800

てびき 1000までの数と同じように，それより大きい数も表すことができます。1000，100，10のまとまりや，ばらの数を，それぞれの位に書きます。

77ページ きほんのワーク

☆ ❶ 4723　❷ 7062

1 ❶ 3746　❷ 6038　❸ 8406

2 ❶ 1000を 4こ，100を 7こ，10を 1こ，1を 8こ

❷ 1000を 6こ，100を 4こ，1を 9こ

てびき 1000のまとまりを千の位に，100のまとまりを百の位に，10のまとまりを十の位に，ばらの数を一の位にそれぞれ書いて数を表します。

大きな数をまとまりで考えることは，大きな数のたし算やひき算を考えるときに役立ちます。

78ページ きほんのワーク

☆ ❶ 1300　❷ 4900　❸ 25

1 ❶ 1200　❷ 2900　❸ 5400　❹ 6000

2 ❶ 17こ　❷ 36こ　❸ 43こ　❹ 80こ

てびき 大きな数を100のまとまりで考えます。100のまとまりを10こ以上集めた数がいくつになるか，何千・何千何百が100を何こ集めた数かを考えます。100のまとまりで考えることで，大きい数の計算をしやすくします。

1❶ 12こを10こと2こに分けて考えます。100が10こで1000，100が2こで200，1000と200で1200になります。

2❷3600を3000と600に分けて考えましょう。3000は100が30こ，600は100が6こです。30こと6こを合わせて36こになります。

79ページ きほんのワーク

☆ ❶ 10000　❷ 9999

1 ❶ 3000　❷ 9000　❸ 100こ

2 ❶ 100

❷ ㋐9000　㋑9500　㋒9900

3 3980=3000+900+80

てびき 1000までの数と同じように，1000を10こ集めると10000という数になることを確認します。数の線と結びつけて考えてみましょう。

2数の線の中にある数を考えるときは，初めに1目もりがいくつであるかを考えましょう。9100から9200は数が100増えているから，1目もりが100であることがわかります。

80ページ きほんのワーク

☆ ❶ 3　❷ 8，3820

1 ❶ 2903 < 3560　❷ 7682 < 7769

❸ 5400 > 5040　❹ 6945 < 6954

2 ❶ 2000　❷ 300　❸ 27

❹ 2700，2700 > 2070

てびき 1 千の位の数字が同じときは百の位の数字を比べ，百の位の数字が同じときは十の位を比べ，…というように，大きい位から順に数を比べましょう。

81ページ きほんのワーク

☆ しき 500+900=1400　答え 1400円

1 しき 400+800=1200　答え 1200円

2 しき 1300−600=700　答え 700円

3 しき 1200−400=800　答え 800まい

てびき 100のまとまりで考え，何百の計算をします。100のまとまりで考えることで，5+9=14のように，簡単な数の計算で大きな数を求めることができます。

実際に100円玉を使うなどして，100円，200円，300円，…と数えて答えを求め，確認するとよいでしょう。

82ページ まとめのテスト①

1 ❶7500—8000—[8500]—9000—9500—[10000]
❷9995—9996—9997—[9998]—9999—[10000]
❸ 5000 … 10000
[5500] [6800] [8900]

2 ❶ 4780 [<] 5000 ❷ 3875 [>] 3785
❸ 6875 [>] 6857 ❹ 4090 [<] 4900
❺ 10000 [>] 9999

3 [しき] 800+500=1300 答え 1300円

4 [しき] 1000−800=200 答え 200まい

てびき **1** ❶7500から8000まで，数が500増えています。
❸5000から10000まで，大きい目もりで5つに分かれているので，大きい目もり1つ分は1000になります。
さらに，5000から6000まで10目もりあるので，小さい1目もりは100ということがわかります。
2 ❶〜❹では，大きい位から順に数字を比べましょう。

83ページ まとめのテスト②

1 ❶[百]のくらい，[100]が 8こ
1000を [4]こ，100を 8こ，1を [7]こ
❷10000は，[1000]を 10こ あつめた 数
10000は，100を [100]こ あつめた 数

2 [しき] 900+300=1200 答え 1200円

3 [しき] 1000−300=700 答え 700円

4 [しき] 1600−700=900 答え 900まい

てびき **3** 1000−300では，100のまとまりで考えて，10−3=7(こ)より，答えは700円になります。

14 はこの 形

84ページ きほんのワーク

☆ ❶ ちょう点 ❷ へん ❸ 面

1 ❶ 4cm…[4]本 6cm…[4]本 10cm…[4]本
❷ [8]こ ❸ へんが [12]，ちょう点が [8]つ

2
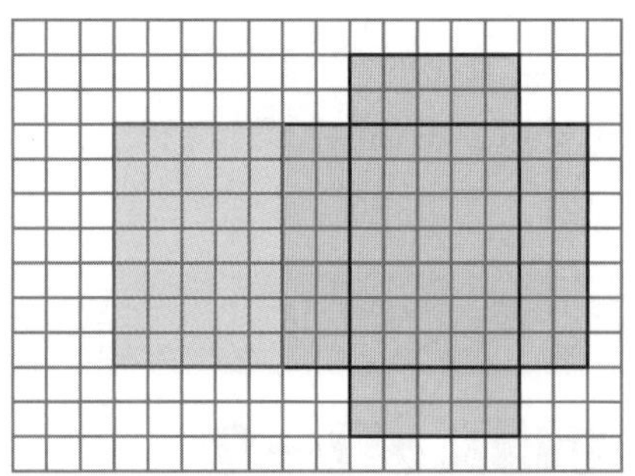

てびき **1** ひごと粘土玉を使って，辺の数や長さ，頂点の数を確認しましょう。

85ページ まとめのテスト

1 ㋒

2 ❶ 12本 ❷ 8こ

3 ❶ 2つ ❷ 8つ ❸ 4つ

てびき **1** 箱の形は6つの面でできています。同じ形の面が2つずつあるものを選びましょう。
2 **3** 見えない面や辺の数を考えることは，慣れるまでは難しいようです。家にある箱の形を見て，面の大きさや数，辺の長さや数，頂点の数を確認してみましょう。

15 分数

86ページ きほんのワーク

☆ [二]分の一，$\frac{1}{\boxed{2}}$

1 ❶ [同じ] 形が [4]つ ❷ [四]分の一，$\frac{1}{4}$

2 $\frac{1}{8}$

てびき 紙を半分に折った大きさは，もとの紙の大きさの$\frac{1}{2}$になる，ということをまず確認しましょう。同じようにして，$\frac{1}{3}$，$\frac{1}{4}$，$\frac{1}{8}$がどのような数なのかを，紙を折るなどして確かめるとよいでしょう。

87ページ きほんのワーク

☆ ❶ [3]こ，$\frac{1}{\boxed{2}}$ ❷ [2]こ，$\frac{1}{\boxed{3}}$

1 ❶ 8こ ❷ 3ばい
❸ 3こ ❹ $\frac{1}{8}$

88ページ まとめのテスト❶

1 ⓘ

2 ❶ $\frac{1}{8}$ ❷ $\frac{1}{3}$ ❸ $\frac{1}{4}$

3 ❶ 6こ ❷ $\frac{1}{3}$ ❸ 4ばい

てびき **3**「●個のものを同じ数ずつ▲つに分ける」というのは，わり算の考え方です。ここでは，絵や図を線で囲むなどして考えていきます。

89ページ まとめのテスト❷

1 ❶ $\frac{1}{2}$ ❷ $\frac{1}{3}$ ❸ $\frac{1}{4}$

2 （れい）
❶ $\frac{1}{2}$
❷ $\frac{1}{4}$
❸ $\frac{1}{8}$

3 ❶ 10cmの テープ…5cm
6cmの テープ…3cm
❷ 2cm ❸ 2ばい

てびき **1** 図形をいくつに分けたうちの1つになっているか，確認してみましょう。
2 点線(………)で区切られたところのうちの1つが塗ってあれば，どこを塗っていても正解です。

16 図を つかって 考えよう

90ページ きほんのワーク

☆ ❶

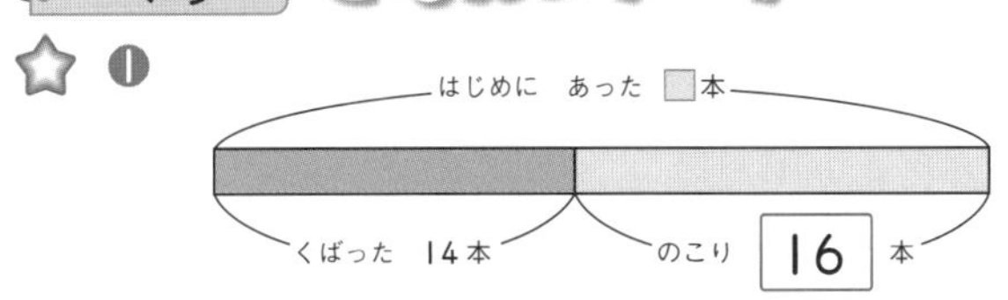

❷ しき 14＋16＝30 答え 30本

1 ❶

買って きた □m
つかった 11 m
のこり 9 m

❷ しき 11＋9＝20 答え 20m

2 しき 25＋45＝70 答え 70まい

てびき 問題文に「のこりが」などひき算を連想させる表現がありますが，たし算で答えを求める問題です。図を使って考えることで，たし算かひき算かを判断しましょう。
1❷ 図から，11mと9mを合わせた長さが答えになることがわかります。
2「あげた」「のこり」という言葉から，ひき算を連想しますが，答えはたし算で求めます。

91ページ きほんのワーク

☆ ❶

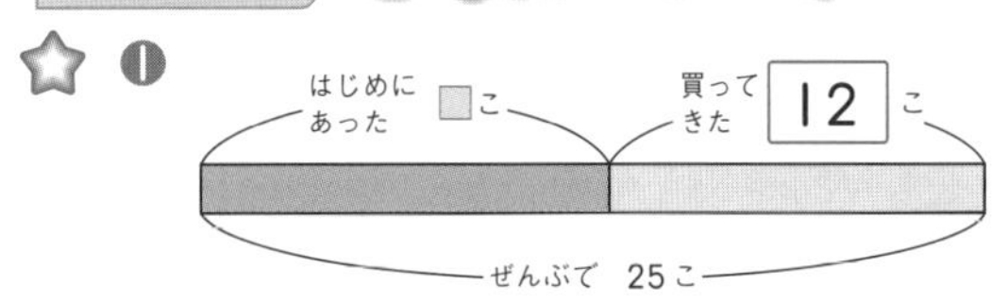

❷ しき 25－12＝13 答え 13こ

1 ❶

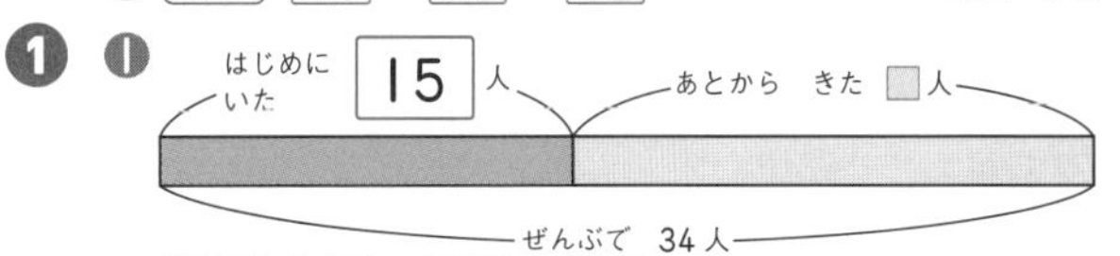

❷ しき 34－15＝19 答え 19人

2 しき 24－7＝17 答え 17人

てびき 問題文の中に，「買ってきた」，「何人かきた」，「のってきた」など，たし算を連想させる表現があっても，ひき算で答えを求める問題です。テープ図から，わかっている数や聞かれている数を明確にし，求める部分はどの部分にあたるかを考え，式を書くようにしましょう。
1❷ 図から，34人から15人少ない人数が答えになることがわかります。
2「のってきた」「ぜんぶで」という言葉から，たし算を連想しますが，答えはひき算で求めます。

92ページ まとめのテスト❶

1 しき 15＋17＝32 答え 32ひき
2 しき 30－13＝17 答え 17こ
3 しき 25－18＝7 答え 7まい
4 しき 35－19＝16 答え 16まい

てびき 問題文を読んで，わかっていること，聞かれていることに線を引き，図に数字を入れながら求めるものを明確にして答えを求めるとよいでしょう。
「□を使った式」は2年生では学習しませんが，**1**～**4**の問題文をそのまま式に表すと，以下のようになります。
1 □－15＝17
2 □＋13＝30
3 18＋□＝25
4 35－□＝19

93ページ まとめのテスト❷

1 しき 8+14=22　答え 22 羽
2 しき 24+9=33　答え 33 まい
3 しき 29−18=11　答え 11 人
4 しき 56−13=43　答え 43 こ

てびき　今まで学習したテープ図を参考に，実際にテープ図を書きながら式を考えるとよいでしょう。
1 〜 4 の問題文をそのまま□を使った式に表すと，以下のようになります。
1 □−8=14
2 □−24=9
3 18+□=29
4 56−□=13

● 2年の まとめ

94ページ まとめのテスト❶

1 6時間
2 しき 28+7=35　答え 35 人
3 しき 90+20=110　答え 110 円
4 しき 800−500=300　答え 300 円
5 しき 3L6dL−2dL=3L4dL　答え 3L4dL

てびき
1 午前9時から正午(午前12時)までが3時間，正午(午後0時)から午後3時までが3時間なので，合わせて6時間です。
2 くり上がりのあるたし算の筆算です。右のように，位をたてにそろえて，位ごとに計算します。

$$\begin{array}{r} 28 \\ +\ \ 7 \\ \hline 35 \end{array}$$

十の位にくり上がった1を，たし忘れないようにしましょう。
3 10のまとまりが9+2=11で11こだから，90+20=110です。
4 100のまとまりが8−5=3で3こだから，800−500=300です。
5 同じ単位の数どうしを計算します。
3L6dL−2dL=3L4dL

95ページ まとめのテスト❷

1 しき 108−29=79　答え 79 まい
2 ❶しき 256+37=293　答え 293 人
❷しき 256−37=219　答え 219 人
3 正方形…㋒　直角三角形…㋔
4 しき 2×8=16　答え 16 こ

てびき
1 百の位からくり下がるひき算です。右のように，位をたてにそろえて，位ごとに計算します。

$$\begin{array}{r} 108 \\ -\ \ 29 \\ \hline 79 \end{array}$$

くり下がりの計算で間違えやすいので，注意しましょう。
2 大きい数のたし算・ひき算です。

$$\begin{array}{r} 256 \\ +\ \ 37 \\ \hline 293 \end{array} \qquad \begin{array}{r} 256 \\ -\ \ 37 \\ \hline 219 \end{array}$$

3 三角形・四角形・長方形・正方形・直角三角形について，それぞれどういった図形なのか，説明できるようにしましょう。
4 かけ算の式は，「1つ分の数」「いくつ分」がどの数になるか，問題文をよく読んで考えましょう。

96ページ まとめのテスト❸

1 しき 6×3=18
18−4=14　答え 14 こ
2 1m20cm
3 しき 1000−600=400　答え 400 円
4 面は 6 つ，ちょう点は 8 つ，へんは 12
5 しき 21−13=8　答え 8 人

てびき
1 かけ算とひき算を使った計算です。九九は何も見ないで全て言えるように，くり返し練習しましょう。
2 40cmと80cmを合わせると120cm，100cm=1mだから，120cm=1m20cmです。2年生で学習した長さの単位であるm，cm，mmの関係を，確認しておきましょう。
3 何百の計算です。1000は100を10こ，600は100を6こ集めた数で，10−6=4だから，1000−600は，100を4こ集めた数である400が答えとなります。
4 身のまわりにある箱の形を見て，その特徴を確認しましょう。
5 文章に書かれていることを図に表し，どんな計算になるかを考えましょう。

3 2 1 0 9 8 7 6 5 4
＊ ＊ D C B A